猛毒ランキング

は虫類・両生類には、毒をもつものがたくさんいます。そのなかでも、猛毒をもつ3種を紹介！

モウドクフキヤガエル
わずかな量でも、体内に入ると大きな動物も死んでしまいます。
▶P.123

インランドタイパン
ヘビのなかで、もっとも強い毒をもちます。ネズミ10万匹を殺せる毒を体内にもっています。
タイパン▶P.86

サメハダイモリ
生息地域で毒性が変わりますが、大きな動物でもサメハダイモリを食べると死んでしまいます。
▶P.152

MOVE調べ！

は虫類・両生類 なんでもランキング！

は虫類・両生類は、さまざまな能力や特ちょうをもっています。そのなかでもおもしろいものを紹介します！それぞれの生きものについては、本編で、もっとくわしい内容を楽しんでください。

カラフルランキング

は虫類・両生類には、カラフルなものがたくさん！とくに美しい色をした3種を紹介します。ほかにもたくさんいるので、本編でさがしてみてください。

レインボーアガマ
▶P.58

アイゾメヤドクガエル
▶P.123

ベニトカゲ
▶P.64

ヘビの長さランキング

ヘビは長い生きものですが、そのなかでもとくに長いヘビは？

アミメニシキヘビ ▶P.104
10.0m

アナコンダ ▶P.100
9.0m

アメジストニシキヘビ
8.6m

インドニシキヘビ
8.2m

アフリカニシキヘビ ▶P.105
7.0m

キングコブラ ▶P.84
5.9m

講談社の動く図鑑
MOVE(ムーブ)
は虫類・両生類
はちゅうるい・りょうせいるい
[堅牢版]

[監修]
矢部 隆
愛知学泉大学
現代マネジメント学部 教授

[監修]
加藤英明
静岡大学
教育学部 講師

もくじ

講談社の動く図鑑 MOVE
は虫類・両生類

この本の使い方	4
は虫類と両生類	6
とぶ！	8
きみょうな体！	9
かくれる！	10
顔！	12
フィールド探検にでかけよう！	14
さくいん	156

は虫類

は虫類って、なに？	16
日本のは虫類	18

ワニ目
ワニのなかま	20
クロコダイルのなかま	22
アリゲーターのなかま	26

カメ目
カメのなかま	30
リクガメのなかま	32
イシガメのなかま	37
ヌマガメのなかま	40
オオアタマガメのなかま	41
ウミガメのなかま	42
オサガメのなかま	44
カミツキガメのなかま	45
ドロガメのなかま	46
メキシコカワガメのなかま	46
スッポンのなかま	47
スッポンモドキのなかま	47
ヘビクビガメのなかま	48
ヨコクビガメのなかま	49

有鱗目（トカゲ亜目）
トカゲのなかま	50
イグアナのなかま	52
アガマのなかま	56
カメレオンのなかま	59
ヨロイトカゲ、カタトカゲなどのなかま	62
トカゲのなかま	63
フタアシトカゲのなかま	65
カナヘビのなかま	66
テグーのなかま	67
ヤモリのなかま	68
トカゲモドキのなかま	71
ヒレアシトカゲのなかま	71
オオトカゲのなかま	72
ドクトカゲのなかま	75
ワニトカゲ、ミミナシオオトカゲのなかま	76
アシナシトカゲのなかま	76

有鱗目（ミミズトカゲ亜目）
ミミズトカゲのなかま	77

有鱗目（ヘビ亜目）

ヘビのなかま ……… 80
- コブラのなかま ……… 82
- ナミヘビのなかま ……… 90
- クサリヘビのなかま ……… 95
- ボアのなかま ……… 100
- ニシキヘビのなかま ……… 104
- パイプヘビのなかま ……… 106
- サンビームヘビのなかま ……… 106
- ヤスリミズヘビのなかま ……… 106
- ドワーフボア、モールバイパーのなかま ……… 107
- メクラヘビ、ホソメクラヘビのなかま ……… 107

ムカシトカゲ目

ムカシトカゲのなかま ……… 108

両生類

両生類って、なに？ ……… 110
日本の両生類 ……… 112

無尾目

カエルのなかま ……… 114
- アマガエルのなかま ……… 116
- ツノアマガエルのなかま ……… 120
- アマガエルモドキのなかま ……… 120
- ツノガエルのなかま ……… 121
- ミズガエルのなかま ……… 121
- ヤドクガエルのなかま ……… 122
- ヒキガエルのなかま ……… 124
- コガネガエル、カメガエルなどのなかま ……… 126
- アオガエルのなかま ……… 127
- アデガエルのなかま ……… 129
- アカガエルのなかま ……… 130
- ヌマガエルのなかま ……… 133
- ヒメガエルのなかま ……… 134
- フクラガエルなどのなかま ……… 135
- サエズリガエルのなかま ……… 135
- クサガエルのなかま ……… 136
- セーシェルガエルなどのなかま ……… 136
- コノハガエルのなかま ……… 137
- アメリカスキアシガエルなどのなかま ……… 137
- ピパのなかま ……… 138
- メキシコジムグリガエルのなかま ……… 139
- ムカシガエルなどのなかま ……… 140

有尾目

サンショウウオ、イモリのなかま ……… 142
- オオサンショウウオのなかま ……… 144
- サンショウウオのなかま ……… 146
- トラフサンショウウオなどのなかま ……… 148
- アメリカサンショウウオのなかま ……… 150
- イモリのなかま ……… 151
- サイレン、ホライモリ、アンフューマのなかま ……… 154

無足目

アシナシイモリのなかま ……… 155

もの知りコラム！
- は虫類の王様 ワニ ……… 29
- 危機にあるは虫類・両生類 ……… 78
- 外来種の脅威 ……… 79
- は虫類・両生類 脱皮くらべ ……… 109
- 両生類の卵コレクション ……… 141

この本の使い方

この図鑑では、世界中から集められたは虫類と両生類を、それぞれのグループに分け、合わせておよそ400種紹介しています。さまざまな特ちょうをもつは虫類と両生類のおもしろさを見つけてみましょう。

グループの名前
は虫類・両生類を、特ちょうがよく似ているグループごとに分けて、紹介しています。

ヒデ博士の「ここに注目！」
監修者の加藤英明先生が、グループごとの特ちょうと、注目ポイントを教えてくれます。

マメ知識
は虫類や両生類についての、楽しいマメ知識をのせています。

データの見方
その種の名前と科名、その種についての解説文をのせています。（ ）内は別名です。

■ 大きさ

■ 全長
ワニ、トカゲ、ヘビ、イモリやサンショウウオのなかまなどの大きさは、「全長」で表しています。全長は、体をのばしたときの、頭の先から尾の先までの長さです。

■ 体長
カエルのなかまの大きさは、「体長」で表しています。体長は、鼻先から総排出口までの長さです。

■ 甲長
カメのなかまの大きさは、「甲長」で表しています。甲長は、こうらのはしからはしまでの長さです。

■ 分布
その種がどこにすんでいるのかをのせています。日本にいる種については、日本の分布と世界の分布をのせています。

■ 生息域
その種がどんな環境でくらしているのかをのせています。

■ 食べもの
おもになにを食べているのかをのせています。

■ 繁殖の方法
卵や子どもを、どこで、どのように産むのかをのせています。

■ 毒マーク
人間に影響のある毒をもつ種について、マークをつけています。

■ 日本にいる種
日本にいる種について、マークをつけています。

※ 生態が不明なものについては、データを示していないことがあります。

マークの見方

絶滅危惧種 …… IUCNのレッドリスト2010年版および、環境省のレッドリスト2012年版で「絶滅危惧ⅠA類・ⅠB類・Ⅱ類」に指定されている種。

日本固有種 …… 世界中で、日本にだけすむ種（または亜種）。

2001年新種 …… 2000年以降に新しく記載された種（西暦は記載された年）。

注目ポイント

その種についてのとくに変わった特ちょうを、ヒデ博士が教えてくれます。

ミニコラム

おもしろいは虫類・両生類の特ちょうや、知っておくとためになる知識などを写真と文章でくわしく解説しています。

大きさチェック

は虫類・両生類の実際の大きさを、シルエットで表しています。大きさの基準として、探検家か、手のひらを、いっしょにのせています。

探検家 1.7m
手のひら 20cm

この本に出てくるおもな地名

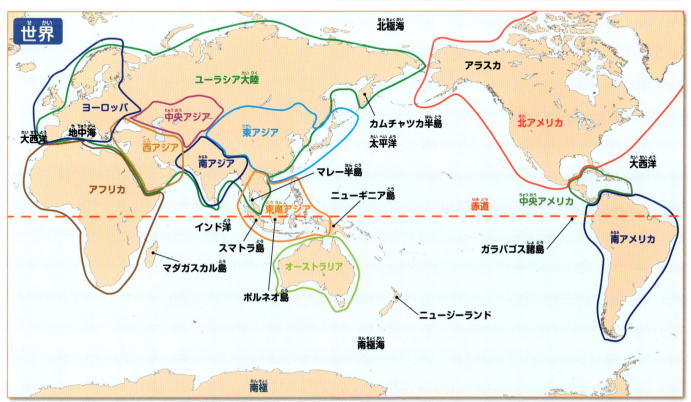

は虫類と両生類

は虫類と両生類はどのようにして生まれ、現在のような姿になったのでしょうか。進化の歴史を見てみましょう。

は虫類と両生類の進化

※それぞれのなかまがいつ、どこから分かれたのかについては、いろいろな説があり、現在も研究が進められています。ここでは、一般的な説について紹介しています。

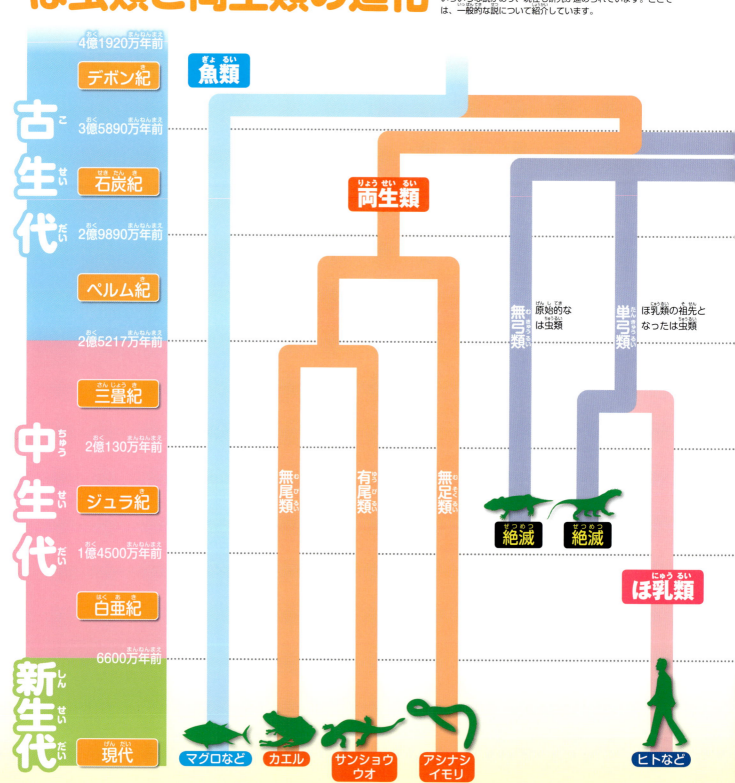

水中から地上へ

地球上の生きものは、海の中で生まれました。海の中でくらしていた魚類（魚のなかま）が、新たな生息地をもとめて陸に上がったのが、両生類のはじまりといわれています。両生類はほとんどが水中に卵を産み、卵からかえった子どもは水の中で呼吸することができる「えら」をもっています。成長するとえらがなくなり、肺などを使って地上でくらすことができるようになりますが、乾燥に弱く、水から遠くはなれて生きることはできません。両生類は、すこしずつ姿や生態を変えながら、今も生き残っています。

地上でくらすことができるようになった両生類がさらに進化して、卵を「羊まく」というふくろでつつみ、乾燥したところでも生きられるようになったものはは虫類です。中生代におおいに繁栄した「恐竜」も、は虫類のなかまです。恐竜や魚竜、き竜などのなかまは6600万年前にいっせいに絶滅してしまいましたが、生き残ったトカゲやヘビ、カメ、ワニなどが現在のは虫類のなかまとなっています。

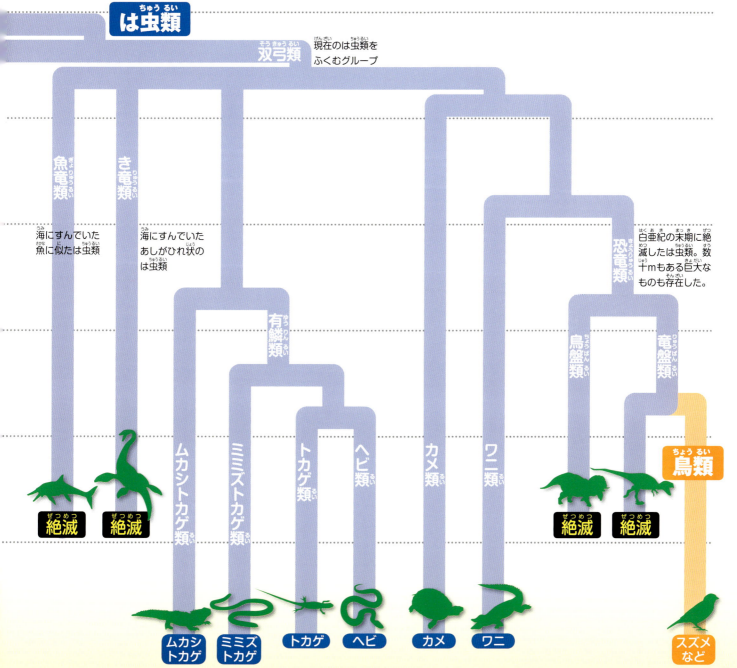

とぶ!

天敵から逃げるとき、えものをつかまえるときなど、いざというときには、目にも留まらぬスピードで空にとびだします。

▲皮まくを広げて滑空する、トビトカゲのなかま。

全身を使って空を舞う

◀全身を大きく広げてジャンプする、アカメアマガエル。

◀力強い尾を使って水面から飛びあがる、イリエワニ。

▲木から木へ飛びうつる、スベヒタイヘラオヤモリ。

きみょうな体!

どうしてこんな不思議な形をしているのだろう？ は虫類や両生類の体は、ときにミステリアスです。

体がスケスケ!?

▲内臓が透けて見える、トウメイアマガエルモドキ。

全身とげだらけ!

▲するどいとげがびっしり生えた、モロクトカゲ。

かくれる!

は虫類や両生類の多くは、かくれんぼの達人です。敵に見つからないようにかくれるものと、えものが通りかかるのを待ちぶせて狩りをするものがいます。

◀全身がかれ葉にそっくりな、エダハヘラオヤモリ。

葉っぱにそっくり!

▶落ち葉とよく似た外見の、マタマタ。

▶こけが生えた岩にそっくりなもようの、アマミイシカワガエル。

どこにいる？

◀複雑なもようで地面にまぎれる、ガボンアダー。

顔!

は虫類や両生類の顔は、よく見るととてもユーモラスです。いろいろな種の顔を、じっくりと見てみましょう。

▲アカメアマガエル

▲メキシコサラマンダー

▲オオアオムチヘビ

▶オウカンミカドヤモリ

▲マルメタピオカガエル
▲サバクツノトカゲ
▼ミツヅノコノハガエル
▲チャチアマガエル

じっと見つめる

フィールド探検にでかけよう!

図鑑を読んで、は虫類や両生類に興味をもったら、は虫類や両生類がすむ野外へ、探検にでかけてみましょう。会うのがむずかしい種もいますが、野外で出会えたときは、感動です。

身近な生きものをさがそう!

私は、カメの生態や行動を研究するのが仕事です。若いころにはよく、ひとりだけで田舎の山や川へでかけ、カメをさがして観察していました。野外では、カメをはじめとする生きものたちのにぎわいを体中で感じることができますから、ひとりでもさびしいと思ったことはありません。

は虫類や両生類は、身近なところにもいます。あなたも、自分の家の庭や近所の公園などで、は虫類や両生類をさがしてみましょう。

あなたの家の庭や近所の広場に、トカゲのなかまはいませんか? 人家にすむヤモリは、夏の夜に家のかべなどにあらわれるかもしれません。ヤモリが上手に虫をとって食べるようすを見てみたいですね。ヘビのなかでは、アオダイショウが人家にすみつくことがあります。ちょっとこわいかもしれませんが、家に悪さをするネズミを食べるなど、人間の役に立っている面もあるんですよ。

家の近くに池や川があれば、雨が降ったときには、カエルが家の近所までやってくるかもしれません。池や川にまで足をのばせば、日光浴したり泳いだりしているカメを見られることもあります。また、土手や岸には、ヘビやトカゲがいるかもしれません。

はじめはは虫類や両生類をうまく見つけることができなくても、観察をくりかえすと、見つける力はどんどん上達していきます。は虫類や両生類のことをよく知っている人といっしょに観察すると、さらに上達が早まります。あなたもぜひ、挑戦してみてください。

矢部 隆先生(愛知学泉大学教授)

▲川の中に見つけた、ニホンイシガメ。

自然が多く残る川で、カメをさがす矢部先生。

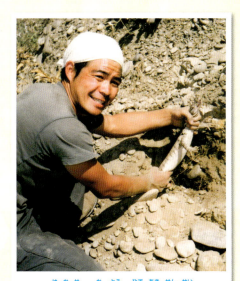

ヒデ博士（加藤 英明先生）
（静岡大学教育学部講師）

幻のトカゲをさがす旅

　カエルのような顔。口もとの大きなひだ。灼熱の砂漠で、不思議なトカゲに出会いました。

　海外に出て調査を始めたころ、旧ソ連（今のロシア）の古い教科書のなかに、不思議なトカゲの絵を見つけました。トカゲの口が、顔からはみ出るぐらい大きいのです。「この不思議なトカゲを見てみたい！」そう思った私は、そのトカゲをさがすために、トルクメニスタンという国の砂漠に行きました。すると、そこにすんでいる人が、その国の言葉で「大きな耳」という意味のヘリパタシという不思議なトカゲがいることを教えてくれました。私は、何日も砂漠を歩きまわり、大きな砂丘の上で、ついに不思議なトカゲ、ヘリパタシと出会えたのです。大きく広がった口は、まさに「大きな耳」のように見えました。ヘリパタシはそのころ、まだ日本の図鑑にはのっていませんでした。そこで私は、「大きな口をもつガマトカゲ」として、オオクチガマトカゲと名前をつけ、日本で紹介したのです。

　地球上に存在するは虫類と両生類は、数知れません。まだ知られていないものも数多くいるでしょう。空を飛んだり、海を泳いだりするものや、小さなものから大きなものまでさまざまです。私は、そんなは虫類と両生類の不思議な魅力にひきつけられました。子どものころにいだいた「世界中に生息するは虫類、両生類を追いかける！」という夢を今でも追いつづけ、世界のジャングルや荒野をかけまわっています。

　みなさんも、世界中のは虫類、両生類の世界をのぞきに、探検にでかけてみませんか？

▲トルクメニスタンで見つけた、オオクチガマトカゲ。

トカゲをさがして砂漠を歩く、ヒデ博士。

は虫類って、なに?

は虫類は、背骨がある動物（脊椎動物）の1グループで、ヘビやトカゲ、カメ、ワニなどをふくみます。この図鑑でとりあげている、は虫類の特ちょうを見てみましょう。

は虫類のなかま分け

は虫類は、それぞれ特ちょうのことなる、4つのグループ（目）に分けることができます。それぞれのグループで、見た目や大きさはかなりちがいます。

ワニのなかま（ワニ目）
かたい皮ふと大きな口、するどい牙をもつ。

ナイルワニ

カメのなかま（カメ目）
背中とおなかの部分が、かたいこうらになっている。あしや頭を引っこめて、身を守ることができる。

ヘルマンリクガメ

トカゲ、ヘビ、ミミズトカゲのなかま（有鱗目）
は虫類全体の種の95％以上がふくまれる。ヘビやミミズトカゲのなかまのほとんどは、あしが退化してなくなっている。

キノボリトカゲ
ジムグリ
シロハラミミズトカゲ

ムカシトカゲのなかま（ムカシトカゲ目）
原始的な特ちょうをもつ。

ムカシトカゲ

は虫類の体の特ちょう

は虫類に共通する特ちょうは、体がうろこ状のかたい皮ふでおおわれていて、乾燥に強いことです。そのため、両生類とはちがい、水のそばでなくても生きられます。

また、は虫類は、ほ乳類や鳥類とはちがって体温を一定に保つことはできず、周囲の気温によって体温が変化する「変温動物」です。気温が低くなりすぎると動けなくなってしまうため、寒くなる地域では多くの種が冬眠をします。ふだんカメやトカゲがよく日光浴をしているのは、体温を上げるためなのです。

◀土の中で冬眠するシマヘビ。

▶日光浴をして体温を上げるウミイグアナ。

は虫類の成長のしかた（クサガメ）

卵

卵は乾燥をふせぐために、からにおおわれている。からには小さな穴があいていて、中の赤ちゃんが呼吸できるようになっている。は虫類のなかには、卵を産まずにおなかの中で卵をふ化させて、子どもを産むものもいる。

ふ化

赤ちゃんが内がわから、からをこわしてふ化する。生まれたばかりの赤ちゃんには、口先などに卵をこわすための「卵角」や「卵歯」とよばれる器官がある。

子ども（幼体）

は虫類の子どもは、大きさ以外は、おとなとほとんど変わらない姿。

おとな（成体）

成長すると、オスとメスが交尾をして、メスが卵を産む。交尾をせずに、メスだけで卵を産み、子どもをつくる種もいる。

日本のは虫類

日本には、約90種のは虫類がすんでいます。は虫類の多くは寒さが苦手なため、日本でもっとも多くの種がすんでいるのは、沖縄県などの南の島々です。日本にすんでいるおもなは虫類を、地域ごとに見てみましょう。

奄美諸島・沖縄諸島のは虫類

奄美諸島・沖縄諸島には沖縄の毒ヘビとして有名なハブをはじめ、多くのは虫類がすんでいます。それぞれの島で別々の進化をして、島ごとにちがう種や亜種になったものもいます。

リュウキュウヤマガメ（→38ページ）
クロイワトカゲモドキ（→71ページ）
ハイ（→85ページ）
ハブ（→96ページ）

奄美諸島・沖縄諸島で見られる種
キノボリトカゲ／ヘリグロヒメトカゲ／アオカナヘビ／オキナワトカゲ／バーバートカゲ／タシロヤモリ／オンナダケヤモリ／タカラヤモリ／ミナミヤモリ／ヒャン／アカマタ／リュウキュウアオヘビ／トカラハブ／ヒメハブ／キクザトサワヘビ／アマミタカチホヘビ／ガラスヒバァなど
【外来種】ミシシッピアカミミガメ／グリーンアノール／ホオグロヤモリ／タイワンハブ／ブラーミニメクラヘビ

日本近海のは虫類

日本近海には、10種以上のウミガメとウミヘビがくらしています。

アオウミガメ（→43ページ）

日本近海で見られる種
アカウミガメ／タイマイ／クロガシラウミヘビ／クロボシウミヘビ／マダラウミヘビ／アオマダラウミヘビ／エラブウミヘビ／ヒロオウミヘビ／イイジマウミヘビ／セグロウミヘビ　など

先島諸島のは虫類

沖縄諸島と宮古列島の間で、生息する種は大きく変わります。先島諸島には、台湾にすむ種にちかい種が多くいます。

サキシマハブ（→96ページ）
セマルハコガメ（→38ページ）

先島諸島で見られる種
ミナミイシガメ／サキシマスベトカゲ／キシノウエトカゲ／アオスジトカゲ／イシガキトカゲ／ミヤコトカゲ／オンナダケヤモリ／ミナミヤモリ／ミナミトリシマヤモリ／ミヤコカナヘビ／サキシマカナヘビ／サキシマアオヘビ／サキシマバイカダ／イワサキセダカヘビ／タイワンタカチホヘビ／サキシマスジオ／ヨナグニシュウダ／ミヤコヒバァ／ヤエヤマヒバァ／ミヤコヒメヘビ／ワモンベニヘビなど
【外来種】グリーンイグアナ／キノボリヤモリ／ホオグロヤモリ／ブラーミニメクラヘビ

北海道のは虫類

寒さに弱いは虫類は、北海道にはあまりいません。寒さに強いコモチカナヘビは、日本では北海道の北部にだけ、すんでいます。

コモチカナヘビ（→66ページ）

北海道で見られる種
ニホントカゲ／ニホンカナヘビ／アオダイショウ／ジムグリ／シマヘビ／シロマダラ／ニホンマムシ　など

小笠原諸島のは虫類

小笠原諸島にしかいない、オガサワラトカゲがいます。そのほか、人間によってもちこまれた種が生息しています。

オガサワラトカゲ

小笠原諸島で見られる種
オガサワラヤモリ　など
【外来種】グリーンアノール／ホオグロヤモリ／ブラーミニメクラヘビ

本州・四国・九州のは虫類

本州や四国、九州にすむは虫類は、広い範囲にすむものが多いです。

ニホンイシガメ（→37ページ）
ニホントカゲ（→63ページ）
アオダイショウ（→90ページ）
ニホンマムシ（→95ページ）

本州・四国・九州で見られる種
クサガメ／ニホンスッポン／ツシマスベトカゲ／ヒガシニホントカゲ／オカダトカゲ／ニホンカナヘビ／アムールカナヘビ／ニホンヤモリ／タワヤモリ／ニシヤモリ／ヤクヤモリ／タカチホヘビ／ジムグリ／シマヘビ／シロマダラ／アカマダラ／ヒバカリ／ヤマカガシ／ツシママムシ　など
【外来種】ミシシッピアカミミガメ／カミツキガメ／スインホーキノボリトカゲ

ワニのなかま

ヒデ博士の「ここに注目！」 全身がよろいのようにがんじょうなうろこにおおわれ、大きな口を開けてえものにかみつく！ は虫類の王さま、ワニのなかまは、世界中の熱帯や亜熱帯、温帯の水のあるところにすんでいる。現在生きているのは23種で、クロコダイルのなかまとアリゲーターのなかまに分けられるよ。

ワニ目

ワニの体のしくみ

うろこ　がんじょうなよろい！
体はかたいうろこにおおわれていて、かんたんには傷つかない。

▶シャムワニの背中のうろこ。

耳　水の中では閉じる！
目の後ろに耳の穴があり、おくにこまくがある。水の中では穴を閉じて、水が入るのをふせぐ。

後ろあし　指は4本！
前あしよりも大きく、力強い。4本の指の間には水かきがあり、水中で向きを変えたり、前後に動いたりするときに使う。

尾　ひれのかわりに！
尾はたてに平たくなっていて、泳ぐときには魚のように尾を左右にふって、時速30kmものスピードで泳ぐ。

（写真はシャムワニ）

総排出口
ふんやおしっこを出す部分。メスの場合は、卵をここから産む。

▲下から見たクチヒロカイマンの体。尾のつけ根に総排出口がある。

▲尾を使って水中を泳ぐイリエワニ。

目 とうめいなまくで、水の中でも見える！

まぶたの下に「瞬まく」とよばれる、とうめいなまくがある。瞬まくは水中メガネのような役割をするため、水の中でもものをよく見ることができる。まぶたは下から上に動き、瞬まくは前から後ろにむかって動く。

▲瞬まくを開いた状態。　▲瞬まくを閉じた状態。

鼻 開け閉め自在！

口先に上向きについていて、水面から出して呼吸をすることができる。水中で水が入らないように、鼻の穴を閉じることもできる。

口 かみついたら、はなさない！

あごはひじょうに力強く、えものを逃がさずにとらえることができる。するどい歯は、ぬけてもすぐに生えかわる。口を開けて熱を外に逃がしたり、逆に口の中を日光にあてて体をあたためたりすることもある。

前あし 指は5本！

前あしの指は5本。水かきはまったくないか、つけ根に小さく残っている程度。するどいつめが3本ある。

▲シャムワニの前あし。

ワニのくらし

走る！

あしを垂直にのばし、おなかが地面につかないようにして、人間より速く走ることができる。

▶地上を走るナイルワニ。

泳ぐ！

泳ぐのが得意。水面から鼻と目だけを出して、えものを待ちぶせする。1時間以上もぐっていることもできる。

▶目と鼻を水面に出して泳ぐ、アメリカアリゲーター。

巣を守る！

土をもりあげて塚をつくったり、地面に穴をほったりして巣をつくり、卵を産み、土をかぶせる。卵を守ったり、子育てしたりする種もいる。

▶卵のふ化を助けるアメリカワニ。

クロコダイルのなかま

ヒデ博士の「ここに注目！」 にごった水の中で待ちぶせて、がぶっとえものにくらいつく！クロコダイルのなかまは、15種がいる。口先の形は種類によってちがい、ひじょうに細長いものから、はば広く短いものまでさまざま。水辺にすみ、水中でも陸上でもすばやく動くよ。

ワニ目

凶暴な肉食のハンター

がんじょうなあごとするどい牙をもち、動物をおそって食べます。気性はあらく、自分より大きなえものをおそうこともあります。にごった川などにもぐって目と鼻だけを水面に出して待ちぶせ、近づいた動物に、目にも留まらぬ速さでかみつきます。一度かみついたらけっしてはなさず、かみついたまま体を回転させ、えものの肉をねじ切ります。

▲ヌーに襲いかかるナイルワニ。

■全長　■分布　■生息域　■食べもの　■繁殖の方法

▶体を回転させてシマウマの肉をねじ切るナイルワニ。

世界最大のワニ

イリエワニ
[クロコダイル科]

性質はあらく、人間をおそうこともあります。

■5〜6m ■インド東部〜東南アジア、オーストラリア北部 ■マングローブが広がる入り江 ■魚〜イノシシなどの大型ほ乳類 ■かれ葉などで塚をつくり、60個ほどの卵を産む

母親は、卵がふ化して子どもが大きくなるまで子育てをするよ。

ナイルワニ
[クロコダイル科]

動きがすばやく、性質もあらい大型のワニです。

■4〜5.5m ■アフリカ大陸、マダガスカル島 ■大きな川、湖や沼 ■魚〜シマウマなどの大型ほ乳類 ■陸地に穴をほり、50個ほどの卵を産む

大きさチェック
イリエワニ 6m
ナイルワニ 5.5m

ワニ目

▶子ワニは、卵の中から「クイックイッ」と鳴いて親をよび、ふ化を助けてもらう。

アメリカワニ 絶滅危惧種
おもに魚を食べますが、家畜や人間をおそうこともあります。メスは卵を守り、ふ化した子どもを口でやさしくくわえて水辺に運びます。■4〜6m ■フロリダ半島南部〜カリブ海の島々、南アメリカ北部 ■川の下流域や汽水域 ■魚、鳥、ほ乳類など ■地面にほった穴や塚状の巣に、25個ほどの卵を産む

ジョンストンワニ（オーストラリアワニ）
動きは俊敏で、陸上で危険がせまると、かけ足で水辺にむかって飛びこみます。■2〜3m ■オーストラリア北部 ■川、湖や沼 ■エビやカニ、魚、ほ乳類など ■陸地に穴をほり、20個ほどの卵を産む

ヌマワニ 絶滅危惧種
にごった沼などに身をかくし、はばが広くがんじょうな口でえものにかみつきます。■3〜5.2m ■南アジア ■流れのゆるやかな川、湖や沼 ■魚〜スイギュウなどの大型ほ乳類 ■地面に穴をほり、25個ほどの卵を産む

ニシアフリカコビトワニ 絶滅危惧種
世界最小のクロコダイル
夜行性で、おもに陸で活動し、雨が降らない時期は地面にほった穴の中で休眠します。■1.5〜2m ■アフリカ西部〜中部 ■熱帯雨林の水辺 ■魚、両生類、エビやカニなど ■植物を積みあげた塚をつくり、15個ほどの卵を産む

大きさチェック
- アメリカワニ 6m
- ニシアフリカコビトワニ 2m
- インドガビアル 6m
- マレーガビアル 5m

■全長 ■分布 ■生息域 ■食べもの ■繁殖の方法

※ここで紹介しているワニは、すべてクロコダイル科です。

首の後ろのうろこが大きく、ごつごつしているのが特ちょうだ！

シャムワニ 絶滅危惧種

「シャム」とはタイの古い呼び名で、タイをはじめとする東南アジアの国々にすむワニです。■3～4m ■東南アジア ■流れのゆるやかな川、湖や沼 ■魚、鳥、ほ乳類など ■植物を積みあげて塚をつくり、20個ほどの卵を産む

アフリカクチナガワニ

口先が細く、ガビアルのなかまに似ていますが、歯の数は70本ほどです。■3～4m ■アフリカ西部～中部 ■流れのゆるやかな川、湖 ■エビやカニ、魚など ■植物を積みあげて塚をつくり、20個ほどの卵を産む

マレーガビアル 絶滅危惧種

体には周囲にまぎれるようなもようがあり、水辺で待ちぶせをしてえものをねらいます。■3～5m ■ボルネオ島、スマトラ島、マレー半島 ■川、湖や沼 ■魚、ヘビやトカゲ、ほ乳類など ■植物を積みあげて塚をつくり、40個ほどの卵を産む

インドガビアル 絶滅危惧種

陸上での動きは苦手です。■4～6m ■インド、ネパール ■流れの速い川 ■魚など ■陸地に穴をほり、40個ほどの卵を産む

おとなのオスは、口先に大きなこぶがあるよ！

ガビアルのなかま

ガビアルは、ひじょうに細長い口先をしています。また、歯の数が多く、100本以上もあります。ウシやシカのような大きなえものをおそうことはなく、おもに魚を食べています。細長い口先とびっしりとならんだするどい歯は、水中を泳ぐ魚をつかまえるのに適しています。

▲細長い口で魚をとらえるインドガビアル。

アリゲーターのなかま

ワニ目

ヒデ博士の「ここに注目！」 見た目はこわいが、意外と子ぼんのう！ アリゲーターのなかまは、短くてはばが広い口先が特ちょうだ。クロコダイルのなかまにくらべると、すこしおとなしいものが多いぞ。

▲土とかれ草を積みあげてつくった巣を守る、アメリカアリゲーターのメス。

▼子どもを口の中に入れて運ぶクチヒロカイマン。

子育て上手なお母さん

卵は水につかるとふ化しないため、陸上に土や植物をもりあげて塚をつくり、巣にします。かれ草と土をまぜた巣の中に卵を産み、草がくさるときに発生する熱で卵をあたためます。卵を産んだメスは、卵が無事にかえるまでの2か月以上、つきっきりで巣を守ります。ふ化した赤ちゃんを口の中に入れて、水辺まで運ぶこともあります。

▶卵からふ化したばかりのアメリカアリゲーターの赤ちゃん。

なわばりを守る

アメリカアリゲーターのオスはなわばりをもち、別のオスがなわばりに入ってくると追いだそうとします。うなり声をあげたり、水面をゆらしたりしていかくし、それでも出ていかない場合にははげしい争いになります。

▶なわばりをめぐって、たがいにかみつきあう、アメリカアリゲーターのオス。

アメリカアリゲーター（ミシシッピワニ）［アリゲーター科］

前あしにも水かきがあり、泳ぎが得意です。冬に寒くなる地域では、冬眠します。■3〜4.5m ■アメリカ合衆国南東部 ■川、湖や沼、汽水域 ■魚〜アライグマなどのほ乳類 ■植物を積みあげて塚をつくり、35個ほどの卵を産む

◀幼体。体に横じまもようがあり、周囲にまぎれることができる。

絶滅危惧種

ヨウスコウアリゲーター（ヨウスコウワニ）［アリゲーター科］

もっとも寒い地域にすみます。冬には土手にほったトンネルの中で冬眠します。■1.5〜2m ■中国の揚子江（長江）下流域 ■流れのゆるやかな川、湿地、池 ■貝、魚など ■植物を積みあげて塚をつくり、30個ほどの卵を産む

大きさチェック

アメリカアリゲーター 4.5m

ヨウスコウアリゲーター 2m

■全長 ■分布 ■生息域 ■食べもの ■繁殖の方法

※ここで紹介しているワニは、すべてアリゲーター科です。

メガネカイマン
ペットとして飼われることも多いワニです。■2〜2.7m ■中央アメリカ〜南アメリカ ■流れのゆるやかな川、湖や沼 ■魚、エビやカニ、ほ乳類など ■植物を積みあげて塚をつくり、30個ほどの卵を産む

目と目の間に突起があって、メガネをかけているようにみえるよ！

キュビエムカシカイマン（コビトカイマン）
世界最小のワニ

原始的な特ちょうがあり、顔つきがほかのワニとすこしちがいます。皮ふはかたくてがんじょうです。■1.2〜1.6m ■南アメリカ ■熱帯雨林の水辺 ■昆虫、魚、両生類、ヘビやトカゲなど ■植物やどろで塚をつくり、15個ほどの卵を産む

あごの力は、カメのこうらをくだいてしまうほど強いぞ！

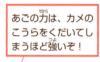

クチヒロカイマン
口は短くてはばが広く、子どものころには口のまわりに黒いもようがあります。■2〜3m ■南アメリカ南東部 ■流れのゆるやかな川、湖や沼 ■貝、魚、鳥など ■植物を積みあげて塚をつくり、35個ほどの卵を産む

ワニの性別は、温度で決まる！
ワニのなかまの性別は、卵のときのまわりの温度によって決まります。たとえばアメリカアリゲーターは、卵の周囲の温度が30℃以下だと、生まれてくるのはすべてメスになります。30℃をこえるとオスとメスの両方が生まれ、33℃では、すべてオスになります。さらに高温になると、またオスとメスの両方が生まれるようになります。

パラグアイカイマン
ピラニアを好んで食べます。おとなしいワニですが、子育ての時期は攻撃的になります。■2〜3m ■パラグアイ、アルゼンチンなど ■湿地、流れのゆるやかな川など ■魚〜カピバラなどのほ乳類 ■植物を積みあげて塚をつくり、30個ほどの卵を産む

大きさチェック

クチヒロカイマン　3m
メガネカイマン　2.7m
キュビエムカシカイマン　1.6m

▲巣の中に産みつけられた、アメリカアリゲーターの卵。

■全長　■分布　■生息域　■食べもの　■繁殖の方法

もの知りコラム！
は虫類の王様 ワニ

は虫類のなかでもいちばん大きくて強い、ワニのなかま。まさには虫類の王様といえる、ワニのひみつにせまってみましょう。

日本にもワニがいた!?

現在、ワニのなかまは日本にはいません。ところが、1964年に大阪府豊中市の待兼山で、全長約7mのワニの化石が発見されました。「マチカネワニ」と名づけられたこのワニは、約45万年前の地層から発掘され、大昔には、日本にもワニがすんでいたことがわかったのです。

また、これまでに何度か、日本で生きているワニが発見されたこともあります。1744年には小笠原諸島の硫黄島沖で、全長2mのワニが、1800年には奄美大島で、頭の大きさが90cmの大きなワニが捕獲された記録があります。また、沖縄県の西表島では、かつてワニが捕獲されて、村の人が食べたと言い伝えられています。これらの記録がある地域はあたたかい気候で、ワニがすむことができるところです。ただ、ワニが見つかった記録はとても少ないため、日本にすんでいるのではなく、南の地域から海流にのって日本に流れ着いたと考えられます。

東南アジアなどに広く分布するイリエワニは、おもに汽水域にすみ、海でくらすこともあります。また、泳ぎが得意で、海を渡ってほかの島に移動することもあります。日本に流れ着いたワニは、きっとイリエワニでしょう。いつかまた、日本でワニが見つかるかもしれませんね。

▲マチカネワニの想像図。現代のマレーガビアルにちかいなかまであったと考えられている。

▶大阪大学総合学術博物館にある、マチカネワニの骨格の復元模型。

恐竜と戦った！ 巨大ワニ

ワニはとても古くからいる生きものです。ワニの祖先は今から2億年以上も前に誕生し、恐竜がいた時代には、現在と変わらない姿でした。今から約8000万年前〜7300万年前の白亜紀後期に、北アメリカにすんでいたデイノスクスは、全長が15mもあった史上最大のワニです。この時代のワニたちは、きっと、水辺にあらわれた大型の肉食恐竜とも戦ったことでしょう。

現代のワニで最大のものは、2011年にフィリピンのミンダナオ島で捕獲された、全長6.17m、体重約1トンのイリエワニです。生け捕りにされた世界最大のワニとして、ギネス記録に認定されました。世界では、さらに大きなワニも目撃されています。

▲肉食恐竜と戦う、デイノスクス。

大きさチェック

デイノスクス 15m
イリエワニ 6m

カメのなかま

ヒデ博士の「ここに注目！」 かたいこうらを背中に背負った、守りのスペシャリスト！ カメのなかまは、すんでいる環境にあわせて体のつくりが変わっているんだ。陸にすむ種もいるけれど、全体としては水辺にすむものが多く、なかには一生のほとんどを水の中でくらすものもいるよ。

カメの体のしくみ

こうら　身を守るがんじょうなよろい！

カメのこうらは、骨が変化した「骨板」の上に、皮ふが変化した「甲板」が重なってできている。背中がわだけではなく、おなかがわにもこうらがあり、背中がわを「背甲」、おなかがわを「腹甲」とよぶ。

▲ニホンイシガメの背甲。

▲ニホンイシガメの腹甲。

尾　尾の形や長さは、種によってさまざま。オスは、総排出口がメスよりも腹甲からはなれたところにある。

総排出口
▶クサガメのオスの尾。

総排出口
▶クサガメのメスの尾。

（写真はニホンイシガメ）

あし　すむ場所によって形がちがう！

カメのあしの指はふつう、前あし、後ろあしともに5本。つめは、前あしに5本、後ろあしに4本ある。すんでいる場所によって、あしの形は大きくちがっている。

▲ガラパゴスゾウガメの前あし。指は短く、水かきはない。

▲ニホンイシガメの前あし。するどいつめが生え、水かきがある。

▲ニホンスッポンの前あし。水かきが発達している。

▲アカウミガメの前あし。指は完全になくなり、あしはひれの形をしている。

鳥のくちばしにそっくり！

歯はなく、口先は鳥のくちばしのようにかたくなっていて、食べものをかみ切ることができる。

▶強いあごとくちばしでかたいものをかみ切る、ワニガメの口。

耳 耳の穴はないが、こまくがあり、音を聞くことができる。

目 視力がよく、色を見分けることができる。

カメのくらし

身を守る！

危険がせまると頭やあしをこうらの中に引っこめて身を守る。種によっては、こうらがとちゅうで折れまがって「ふた」の役割をし、よりしっかりと身を守ることができるものもいる。

▲頭とあしを引っこめたクサガメ。

▲腹甲を折りまげて「ふた」をしたセマルハコガメ。

▲頭をかくしたヒラタヘビクビガメ。ヘビクビガメなどのなかまは、首を横にまげてこうらの中にしまう。

冬眠をする！

寒いところにすんでいるカメは、土や水の中で冬眠をする。水の中で冬眠する場合、カメはのどや、総排出口の奥にある器官で水中の酸素を直接とり入れて呼吸することができるため、水から上がる必要がない。

▶水中で冬眠するニホンイシガメ。

ひっくり返っても起きあがれるよ！

カメの多くは、ひっくり返ってしまっても、首やあしを器用に使って、自分で起きあがることができます。ただし、ウミガメやリクガメは、一度ひっくり返ってしまうと起きあがれずに死んでしまうことがあります。

❶首とあしを使って体を持ちあげる。

❷勢いをつけていっきに体を反転させる。

❸もとどおり、起きあがることができた。

リクガメのなかま

ヒデ博士の「ここに注目!」 リクガメは、頭が小さく、あしはうろこが大きくて、がっしりしているのが特ちょうだ！ 泳ぐのは苦手で、砂漠や草原、森などにすみ、おもに植物を食べる。このなかまには、こうらの大きさが1mをこえる大きなカメもいるんだ。

カメ目

こうらの形は、前の部分が高くなっている「くら型」と、低い「ドーム型」がある。これは、「くら型」で、高いところの葉を食べるのに適している。

のんびり長生き
外敵の少ない島などにすんでいる大型のリクガメのなかまはとても長生きで、100年以上生きることもあります。動きもゆっくりで、長い時間をのんびりとすごします。

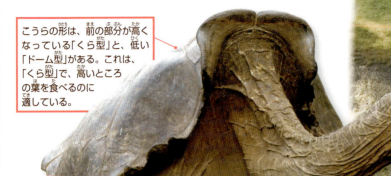

ガラパゴスゾウガメ ［リクガメ科］ 絶滅危惧種
ひじょうに大きな体をもつリクガメです。島や地域によって、大きさはさまざまです。■80〜130㎝ ■ガラパゴス諸島 ■草原、森 ■植物の葉や花、果実など ■一度に20個ほどの卵を産む

アルダブラゾウガメ ［リクガメ科］ 絶滅危惧種
口先が細く、岩などにたまった雨水を口や鼻で飲むのに適しています。■80〜120㎝ ■インド洋のアルダブラ環礁 ■海沿いの林など ■植物の葉や花、果実など ■一度に15個ほどの卵を産む

大きさチェック
ガラパゴスゾウガメ 130㎝　アルダブラゾウガメ 120㎝

■甲長　■分布　■生息域　■食べもの　■繁殖の方法

島ごとにことなる特ちょうをもつガラパゴスゾウガメ

ガラパゴスゾウガメがすむガラパゴス諸島は、いくつかの島が集まってできています。すんでいる島ごとに、こうらの形や体の大きさがすこしずつちがい、それぞれが亜種（種よりも小さい単位）に分けられています。いくつかの亜種は、食料にするためにつかまえられたり、環境が変化したりして絶滅してしまいました。残っている亜種も数が減っており、人の手によって保護されています。

▲ガラパゴス諸島のゾウガメの分布図。

▲ピンタ島の亜種の最後の生き残りだった、ロンサム・ジョージ。2012年6月に惜しくも死んでしまい、ピンタ島のガラパゴスゾウガメは絶滅してしまいました。

▲地面の草を食べるのに適したドーム型のこうらをもつ、ガラパゴスゾウガメ（イサベラ島）。

カメ目

世界最大のリクガメ

セーシェルセマルゾウガメ 絶滅危惧種
1840年ごろには絶滅したと考えられていましたが、近年再発見されました。世界中で100頭ほどしかいません。■95～138㎝ ■インド洋のセーシェル諸島 ■平地の林など ■植物の葉や花、果実など ■一度に15個ほどの卵を産む

世界最小のカメ

シモフリヒラセリクガメ
メスはオスより大きくなります。こうらのもようは周囲の石にそっくりで、身を守るのに最適です。■8～9.6㎝ ■南アフリカ共和国南西部 ■石が多い荒れ地 ■多肉植物など ■一度に1個の卵を産む

標高1000mほどの山にすんでいるんだ！

インドホシガメ
星形のもようは、やぶの中では目立たず、身をかくすのに最適です。■20～38㎝ ■南アジア ■平地～丘陵地のやぶ ■植物の葉や花、果実など ■一度に6個ほどの卵を産む

ベッコウムツアシガメ 絶滅危惧種
すずしい山にすみ、おもにキノコを食べます。後ろあしと尾の間に突起があり、あしのようにも見えるので「六つあし」とよばれます。■28～31㎝ ■インドシナ半島 ■標高1000m前後の山林 ■キノコなど ■一度に15個ほどの卵を産む

ケヅメリクガメ 絶滅危惧種
穴ほりが得意で、深さ1mほどの穴をほって中にかくれます。■50～80㎝ ■サハラ砂漠南部 ■乾燥した草原 ■植物の葉や花、果実など ■一度に20個ほどの卵を産む

▲穴にかくれるケヅメリクガメ。

後ろあしと尾の間に、鳥の「けづめ」のような突起がある！

■甲長 ■分布 ■生息域 ■食べもの ■繁殖の方法

※ここで紹介しているカメは、すべてリクガメ科です。

▶発達した突起を使って争う、ソリガメのオス。

ソリガメ
腹甲の前方に、へら状に発達した突起があり、繁殖期にはオスどうしがこれを使って争い、相手をひっくり返すこともあります。■21〜27㎝ ■南アフリカ共和国南部 ■海沿いの砂漠、丘陵地 ■多肉植物など ■大きな卵を1個、年に5回ほど産む

オスは、前につきでたへら状の突起が特ちょう。争いや、求愛に使うよ。

ヘサキリクガメ 【絶滅危惧種】
野生では、600匹ほどしか残っていません。■42〜48㎝ ■マダガスカル島北西部 ■海沿いの乾燥した竹やぶ ■植物の葉や花など ■一度に4個ほどの卵を産む

ホームセオレリクガメ 【絶滅危惧種】
背甲の後ろの部分が折れて、後ろあしと尾を守ることができます。■18〜22㎝ ■アフリカ西部〜中部 ■熱帯雨林などの湿度の高い森 ■果実、キノコ、カタツムリなど ■一度に4個ほど卵を産む

セオレリクガメのこうらのしくみ
セオレリクガメのなかまは、こうらがふたつに分かれています。危険を感じると、こうらの後ろの部分を折りまげ、後ろあしと尾をおおって、身を守ります。

ここが動くよ！

こうらのヒョウ柄もようは、草原では保護色になる。

ヒョウモンリクガメ
ふだんはじっとしていることが多いですが、雨が降ると活発に動きます。■60〜75㎝ ■アフリカ東部、南部 ■平地〜丘陵地の草原 ■植物の葉や花など ■一度に20個ほどの卵を産む

大きさチェック
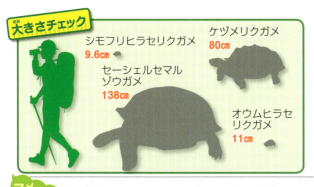

シモフリヒラセリクガメ 9.6㎝
ケヅメリクガメ 80㎝
セーシェルセマルゾウガメ 138㎝
オウムヒラセリクガメ 11㎝

オウムヒラセリクガメ
鼻の上がもりあがり、オウムのような顔をしています。オスは繁殖期になると鼻が赤くなります。■7〜11㎝ ■南アフリカ共和国南部 ■乾燥した荒れ地 ■多肉植物など ■一度に1個の卵を産む

マメ知識 寒い地域にすむリクガメは、冬は土の中で冬眠します。また、多くのリクガメは夏の雨が降らない時期に、やぶや土の中で夏眠します。

※このページで紹介しているカメは、すべてリクガメ科です。

クモの巣のようなもようが特ちょうだ！

クモノスガメ 絶滅危惧種
腹甲の前の部分を折りまげて、頭と前あしをかくすことができます。■12〜15㎝ ■マダガスカル島南西部 ■海沿いのやぶ ■植物の葉や花など ●一度に2個ほどの卵を産む

アカアシガメ
顔やあしにある赤い点は、うすぐらい森の中でおたがいを確認するのに役立ちます。■35〜50㎝ ■南アメリカ ■湿度の高い森、草原 ■植物の葉や花、果実、キノコ、昆虫、カタツムリなど ●一度に5個ほどの卵を産む

パンケーキリクガメ 絶滅危惧種
こうらはやわらかく、岩のすき間にかくれると、体をふくらませたり、あしをつっぱったりして、引きずりだされないようにします。■10〜18㎝ ■アフリカ東部 ■乾燥した草原の岩場 ■植物の葉や花など ●一度に1個ほどの卵を産む

こうらはうすくて、平たくなっている。

ロシアリクガメ（ホルスフィールドリクガメ） 絶滅危惧種
世界でもっとも北にすむリクガメです。前あしの4本のつめで1mほどの穴をほり、その中で冬眠や夏眠をします。■20〜25㎝ ■ロシア、中央アジアなど ■砂漠、草原 ■植物の葉や花、果実など ●一度に5個ほどの卵を産む

▲きびしい環境の砂漠にすむロシアリクガメ。

ギリシャリクガメ 絶滅危惧種
地域によって、こうらの色やもようはさまざまです。尾のつけ根の両がわに大きな突起状のうろこがあります。■18〜30㎝ ■アフリカ北部〜ヨーロッパ南部、西アジア ■草原 ■植物の葉や花、果実など ●一度に5個ほどの卵を産む

尾の先のうろこは、大きくてかぎ状になっているぞ！

ヘルマンリクガメ
力強いあしをもち、急な山道やがけでも登ることができます。■16〜28㎝ ■ヨーロッパ南部 ■草原、丘陵地 ■植物の葉や花など ●一度に5個ほどの卵を産む

大きさチェック
パンケーキリクガメ 18㎝
アカアシガメ 50㎝　ギリシャリクガメ 30㎝

■甲長　■分布　■生息域　■食べもの　●繁殖の方法　●日本にいる種

イシガメのなかま

ヒデ博士の「ここに注目！」

イシガメは、カメのなかでももっともバラエティーに富んだなかまだ！　アジア地域に多く、種によってすむ場所も形もさまざま。おもに水辺でくらすけれど、完全に水中で生活するものや、陸上で生活するものもいる。日本にすんでいる種も多く、なじみ深いカメだ。

動きは俊敏

カメといえば、動きがおそいイメージがありますが、日本でもよく見られるイシガメのなかまは、その気になるとかなり速いスピードで地上を移動することができます。

▶森の中を移動する、リュウキュウヤマガメ。

▶池の水から上がって日光浴をするカメ。日本の公園の池には、ニホンイシガメやクサガメのほか、外来種のミシシッピアカミミガメ（→40ページ）が多くいる。

日光にあたって「こうら干し」

公園の池などで、水から上がってじっと動かずに日光浴をしているカメを見ることがあります。カメは体温が上がると活発に動くことができるので、冷えてしまった体を日光であたためるのです。また、日光浴は体についた寄生虫や細菌を殺したり、紫外線を浴びて体の中で栄養素をつくったりするのにも役立ちます。

こうらの後ろの部分がぎざぎざしているよ！

◀幼体。こうらの色や形が硬貨に似ていることから、「ゼニガメ（銭亀）」とよばれる。

ニホンイシガメ ［イシガメ科］ 🇯🇵 日本固有種

カメの中では寒さに強く、水温が3℃でも活動します。

■14〜20cm　■本州、四国、九州　■川、池や沼、水田　■植物や貝、エビやカニなど　■一度に6個ほどの卵を産む

▶交尾をするときに、オスがメスの首にかみついて動けなくする。

クサガメ 絶滅危惧種
おとなのオスは全身が黒くなります。おどろくと、前あしと後ろあしのつけ根からオレンジ色のくさい液を出します。■20～25cm ■本州、四国、九州／中国、台湾、朝鮮半島 ■流れのゆるやかな川、池や沼など ■植物、貝、エビやカニなど ■一度に7個ほどの卵を産む

ミナミイシガメ 絶滅危惧種
オスの体はメスと同じか、すこし大きいです。■16～20cm ■八重山列島／ベトナム、中国、台湾 ■浅い川、池や沼、水田など ■植物の葉や果実、エビやカニ、魚など ■一度に4個ほどの卵を産む

セマルハコガメ 絶滅危惧種
危険がせまると腹甲を折りまげて閉じ、箱のようになって身を守ります。■16～19cm ■八重山列島／中国、台湾 ■森の中の水辺 ■果実、昆虫、動物の死がいなど ■一度に3個ほどの卵を産む

リュウキュウヤマガメ 日本固有種 絶滅危惧種
えものを見つけると、すばやく近づいてつかまえます。■12～15cm ■沖縄島、渡嘉敷島、久米島 ■森の中の水辺 ■昆虫、ミミズ、植物の葉や果実など ■一度に2個ほどの卵を産む

モエギハコガメ 絶滅危惧種
頭が萌黄色です。とてもおくびょうで、静かな森に1匹だけですむことが多いです。■17～20cm ■果物、ミミズ、昆虫など ■インドシナ半島東部 ■丘陵地～高地の森 ■一度に2個ほどの卵を産む

レイテヤマガメ 絶滅危惧種
1920年にフィリピンのレイテ島にすむ新種として発表されましたが、実際にはパラワン島に生息していることが1988年になって明らかになりました。■25～30cm ■フィリピンのパラワン島 ■平地の川、池や沼 ■植物の葉や果実、エビやカニなど ■一度に2個ほどの卵を産む

首のつけ根に白いリングのようなもようがあるよ。

■甲長 ■分布 ■生息域 ■食べもの ■繁殖の方法 ●日本にいる種

※ここで紹介しているカメは、すべてイシガメ科です。

▲幼体

トゲヤマガメ 絶滅危惧種
小さなころは、こうらのふちがとげのようになっていて、外敵から身を守ります。このとげは、成長するにつれてなくなります。■18〜23cm ■東南アジア ■森の中の水辺 ■植物の葉や果実 ■一度に2個ほどの卵を産む

ハミルトンガメ 絶滅危惧種
小さなころは体に白いもようがたくさんありますが、大きくなると少なくなります。■35〜40cm ■南アジア ■流れのゆるやかな川、池や沼など ■貝、エビやカニ、魚など ■一度に20個ほどの卵を産む

ケララヤマガメ 絶滅危惧種
1912年に新種として記載されましたが、その後ずっと見つからず、1982年に再発見されました。■12〜13cm ■インド南西部ケララ州のガーツ山脈 ■森の中の水辺 ■カタツムリ、ミミズ、昆虫、果実など ■一度に3個ほどの卵を産む

カラグールガメ 絶滅危惧種
オスは繁殖期になると体が白くなり、ひたいが赤くなります。産卵のとき以外、ほとんど陸に上がりません。■60〜76cm ■マレー半島、スマトラ島、ボルネオ島 ■大きな川の汽水域 ■植物の葉や果実、エビやカニなど ■河口や海岸の砂浜で、一度に15個ほどの卵を産む

▼メス

ヨツメイシガメ 絶滅危惧種
オスとメスで色や形がことなります。■14〜16cm ■インドシナ半島東部 ■丘陵地の沢 ■エビやカニ、昆虫、果実など ■一度に4個ほどの卵を産む

▼オス

首にあるもようが、4つの目のように見えるよ!

大きさチェック

カラグールガメ 76cm
クサガメ 25cm
ニホンイシガメ 20cm
ケララヤマガメ 13cm

マメ知識 ミナミイシガメは本来の生息地ではない近畿地方などに連れてこられて繁殖し、別種のカメと子どもをつくるなどして、問題になっています。

ヌマガメのなかま

ヒデ博士の「ここに注目！」 おどろくと勢いよく水中にすべりこむ！ ヌマガメのなかまは、おもにアメリカ大陸にすんでいて、ほとんどの種が池や川でくらしている。ひなたぼっこを好み、泳ぎが得意なものが多いよ。

カメ目

▲幼体。ミドリガメとよばれる。

▼オス

▶オスは、前あしの長いつめを細かくふるわせて、メスに求愛する。

ミシシッピアカミミガメ ［ヌマガメ科］🇯🇵
耳のまわりに赤色のもようがあるため、「アカミミガメ」と名前がついていますが、成長したオスは色が消えます。■25〜28cm ■日本各地（移入）／アメリカ合衆国南東部のミシシッピ川周辺 ■流れのゆるやかな川、池や沼 ■植物の葉、エビやカニなど ■一度に15個ほどの卵を産む

クロコブチズガメ ［ヌマガメ科］
背甲に黒いこぶ状の突起があります。■10〜15cm ■アメリカ合衆国アラバマ州 ■川、湖や沼 ■昆虫、貝、藻など ■一度に5個ほどの卵を産む

ヨーロッパヌマガメ ［ヌマガメ科］
ヌマガメのなかまで唯一、ユーラシア大陸に分布しています。敵におそわれると、かみついて反撃します。■16〜23cm ■ヨーロッパ、アフリカ北部、西アジア ■流れのゆるやかな川、池や沼 ■植物、魚など ■一度に10個ほどの卵を産む

キボシイシガメ ［ヌマガメ科］ 絶滅危惧種
こうらにある黄色いはん点の数は、成長によって変わります。冬は水中や落ち葉の中で冬眠します。■12〜14cm ■アメリカ合衆国東部 ■流れのゆるやかな川、池や沼の浅瀬 ■植物、エビやカニ、魚など ■一度に5個ほどの卵を産む

日本で増えるミシシッピアカミミガメ

ミシシッピアカミミガメは、もともと北アメリカにすんでいて、1950年ごろから、ペットとして日本に輸入されました。1990年代には、1年間に100万匹も輸入されています。「ミドリガメ」とよばれる子どものころは小さくてかわいらしいため人気になりましたが、飼いきれなくなって川などにはなす人が増えると、野外で増えてしまいました。もともと日本にすんでいたニホンイシガメなどが、食べものやすむ場所をうばわれて、大きく減ってしまっています。

▶公園にいるカメも、多くがミシシッピアカミミガメ。

大きさチェック

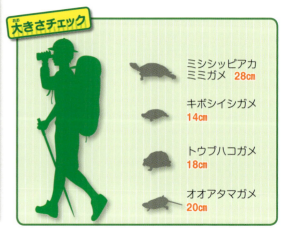

ミシシッピアカミミガメ 28cm
キボシイシガメ 14cm
トウブハコガメ 18cm
オオアタマガメ 20cm

■甲長 ■分布 ■生息域 ■食べもの ■繁殖の方法 🇯🇵日本にいる種

◀身を守るために、こうらを折りまげたトウブハコガメ。

▼オス

ニシキガメ [ヌマガメ科]
顔やあしには、ペンキをぬったようにあざやかなもようがあります。■16〜25cm ■カナダ南部〜メキシコ北部 ■流れのゆるやかな川、池や沼 ■植物の葉、エビやカニなど ■一度に15個ほどの卵を産む

絶滅危惧種

トウブハコガメ [ヌマガメ科]
ヌマガメのなかまですが、陸でくらします。腹甲が折れまがって箱状になります。オスは目が赤くなります。■17〜18cm ■アメリカ合衆国東部 ■草原、林など ■ミミズ、昆虫、果実など ■一度に5個ほどの卵を産む

ダイヤモンドガメ [ヌマガメ科]
うつくしい体のもようが特ちょうです。目から涙を流して、体に入った塩分を出します。■15〜23cm ■アメリカ合衆国南東部 ■河口やマングローブなどの汽水域 ■貝、昆虫、動物の死がいなど ■一度に15個ほどの卵を産む

オオアタマガメのなかま

ヒデ博士の「ここに注目！」 頭が大きくて、こうらに入らない！オオアタマガメのなかまは、世界に1種だけ。こうらは平たく、尾が長いのが特ちょうだ。すずしい環境を好み、標高1000mをこえる渓流にもすんでいるよ。

オオアタマガメ [オオアタマガメ科] 絶滅危惧種
■17〜20cm ■中国南部、インドシナ半島 ■丘陵地〜高地の谷川 ■エビやカニ、両生類、魚など ■一度に2個ほどの卵を産む

▲水の中でじっとしているオオアタマガメ。

尾はこうらと同じくらいの長さ！バランスをとるのに使うんだ。

ウミガメのなかま

カメ目

ヒデ博士の「ここに注目！」 ウミガメは、一生のほとんどを海でくらす大型のカメだ！ 世界中の熱帯から温帯の海にすんでいる。ひれの形になっているあしを使って、とても速く泳ぐことができるんだ。頭やあしをこうらの中に引っこめることはできないよ。

▶ハギのなかまにこうらをクリーニングされているアオウミガメ。ハギはカメのこうらについた寄生虫などを食べている。

◀クラゲを食べるアオウミガメ。アオウミガメはおもに海藻などを食べるが、クラゲを食べることもある。

ほとんどを海の中ですごす

生まれたときと、産卵のとき以外、一生のうちのほとんどを海の中ですごします。魚のひれのようなあしは泳ぐのに適していて、陸の上では速く動くことができません。水の中では呼吸ができないので、ときどき水面に顔をつきだして、息つぎをします。

※ここで紹介しているカメは、すべてウミガメ科です。

◀ふ化して、砂の中から出てきたアカウミガメの赤ちゃん。

砂浜で産卵する

卵は水につかると呼吸ができないので、産卵のときにはメスは砂浜に上陸し、砂をほって穴の中に卵を産みます。卵は2か月ほどでふ化し、砂から出てきた子ガメたちはいっせいに砂浜を歩いて海へむかいます。

▲アカウミガメは産卵したあと、あしで砂をかけて穴をうめる。

▲砂浜にほった穴に卵を産むアカウミガメ。

アカウミガメ 🇯🇵 絶滅危惧種

産卵のために、本州の砂浜にも毎年おとずれます。子ガメは海を回遊しながら成長します。■74〜100㎝ ■福島県以南／温帯〜熱帯の海 ■沿岸〜外洋 ■貝、エビやカニなど ■砂浜に一度に100個ほどの卵を産む

アオウミガメ 🇯🇵 絶滅危惧種

おもに海藻などを食べます。■80〜100㎝ ■小笠原諸島、伊豆諸島、南西諸島など／亜熱帯〜熱帯の海 ■沿岸の岩礁やサンゴ礁 ■アマモなどの植物、海藻、クラゲなど ■砂浜に一度に100個ほどの卵を産む

大きさチェック

アオウミガメ 100㎝　アカウミガメ 100㎝

■甲長　■分布　■生息域　■食べもの　■繁殖の方法　■日本にいる種

カメ目

タイマイ［ウミガメ科］ 絶滅危惧種
くちばしがとがっていて、岩のすき間などにいるえものをとって食べることができます。こうらは黄色と黒のまだらもようです。■85～114㎝ ■南西諸島／亜熱帯～熱帯の海 ■サンゴ礁 ■カイメン、サンゴなど ■砂浜に一度に140個ほどの卵を産む

▼産卵のためにいっせいに砂浜に上陸するヒメウミガメ。

ヒメウミガメ［ウミガメ科］ 絶滅危惧種
大群で上陸して産卵することがあります。日本でもまれに見られますが、産卵した記録はありません。■65～70㎝ ■亜熱帯～熱帯の海 ■沿岸～外洋 ■魚、エビやカニなど ■砂浜に一度に100個ほどの卵を産む

オサガメのなかま

ヒデ博士の「ここに注目！」
海の中でくらす、世界最大のカメ！　世界に1種だけしかいないオサガメのなかまは、こうらの大きさが2ｍちかくにもなる。熱帯から温帯の海にすんでいるけど、寒い北極海にまで回遊することもあるんだ。潜水が得意で、1000ｍ以上の深海までもぐることができるよ。

オサガメ［オサガメ科］ 絶滅危惧種
こうらには甲板（→30ページ）がなく、皮ふでおおわれています。
■120～190㎝ ■太平洋、大西洋、インド洋 ■外洋 ■クラゲなど ■砂浜に一度に100個ほどの卵を産む

世界最大のカメ

体が大きく、つねに泳ぎつづけることで体温を周囲より高く保つことができるので、寒い海でも活動できるんだ！

大きさチェック
ヒメウミガメ 70㎝
オサガメ 190㎝　カミツキガメ 50㎝　ワニガメ 80㎝

■甲長　■分布　■生息域　■食べもの　■繁殖の方法　●日本にいる種

カミツキガメのなかま

ヒデ博士の「ここに注目！」

かいじゅうみたいな顔！カミツキガメのなかまは、おそろしい外見をしたとても攻撃的なカメだ！大きなあごでかみつき、えものをとらえるぞ。水の中ですごし、産卵のとき以外に陸に上がることはめったにない。

▼口を大きく開けていかくするワニガメ。

がんじょうなあごでくらいつく！

ワニガメは、近づくものになんでもかみつきます。あごの力がとても強く、カメのこうらをかみくだいてしまうほどです。ペットとしても人気のカメですが、かまれると危険です。

こうらのうろこの数が多いよ。

ワニガメ [カミツキガメ科] 絶滅危惧種
淡水にすむカメのなかでは世界最大です。頭が大きいため、頭をこうらの中に引っこめることができません。■60〜80㎝■東京都など（移入）／アメリカ合衆国南東部■流れのゆるやかな川、池や沼■魚、エビやカニ、鳥など■一度に40個ほどの卵を産む

おとりでおびきよせる！

ワニガメの狩りは、おとりを使った待ちぶせ型です。ワニガメの舌にはまるでミミズのようにみえる突起があり、水中で大きく口を開けてこの突起を動かし、魚などをおびきよせ、だまされて近づいてきたところを、いっきにかみついてとらえるのです。

▲ワニガメの口の中。ミミズそっくりの突起がある。

カミツキガメ（ホクベイカミツキガメ） [カミツキガメ科]
えものを見つけると、すばやく近づきかみつきます。夜行性で、日中は植物が多く生える水深1mほどの場所にかくれています。■40〜50㎝■千葉県、静岡県（移入）／カナダ南部〜アメリカ合衆国東部■流れのゆるやかな川、池や沼■植物、エビやカニ、動物の死がいなど■一度に30個ほどの卵を産む

マメ知識 タイマイのこうらは「べっこう」とよばれ、もようがうつくしいため、アクセサリーの原料とされますが、現在では保護のため輸出入が禁止されています。

ドロガメのなかま

ヒデ博士の「ここに注目！」 どろが大好き！ ドロガメのなかまは、アメリカ大陸にすんでいる。水の底を走るように泳ぎ、乾季に水がなくなると、どろの中にもぐって休眠するんだ。

腹甲を2か所折りまげて、こうらをぴったりと閉めることができるんだ！

ホオアカドロガメ [ドロガメ科]
顔に赤いもようがあります。水中から出てくることはすくなく、植物が多く生える水辺にひそみます。腹甲が前後2か所まがって箱のようになり、身を守ります。■12～15cm ■メキシコ南西部～グアテマラ ■流れのゆるやかな川 ■エビやカニ、魚など ■一度に2個ほどの卵を産む

キイロドロガメ [ドロガメ科]
ほかのドロガメにくらべて乾燥した地域にすみ、陸上でも活動します。暑い夏と寒い冬は、どろの中で休眠します。■13～17cm ■アメリカ合衆国中部からメキシコ北東部 ■池や沼など ■エビやカニ、魚など ■一度に5個ほどの卵を産む

危険がせまると、あしのつけ根から、くさい液を出すんだ！

ミシシッピニオイガメ [ドロガメ科]
寒くなると、水中のどろの中で冬眠します。■10～14cm ■カナダ南部～アメリカ合衆国東部 ■流れのゆるやかな川、池や沼 ■植物、エビやカニ、魚など ■一度に5個ほどの卵を産む

メキシコカワガメのなかま

ヒデ博士の「ここに注目！」 ずっと水の中ですごす！ メキシコカワガメのなかまは、世界に1種しかいない。水かきが発達していて泳ぎがとくいだけど、陸上を歩くのは苦手で、ほとんど水の中から出てこないんだ。

メキシコカワガメ [メキシコカワガメ科] 絶滅危惧種
夜行性で、植物が多く生える水辺でくらします。とがった鼻先を水面から出して呼吸します。■50～65cm ■メキシコ南部～ホンジュラス北部 ■大きな川や湖など ■植物の葉や果実 ■一度に10個ほどの卵を産む

ハラガケガメ [ドロガメ科]
大きな口にはするどい突起があり、この突起でつかまえたえものを引っかけて、逃がしません。■15～18cm ■中央アメリカ ■平地の湿地、池や沼 ■エビやカニ、魚など ■一度に4個ほどの卵を産む

大きさチェック
- メキシコカワガメ 65cm
- ホオアカドロガメ 15cm
- ニホンスッポン 35cm
- スッポンモドキ 60cm

■甲長　■分布　■生息域　■食べもの　■繁殖の方法　●日本にいる種

スッポンのなかま

ヒデ博士の「ここに注目！」 こうらが皮ふにおおわれた、水中生活専門のカメ！ スッポンのなかまは、こうらに甲板がなくやわらかい皮ふにおおわれているんだ。ふだんはすばやく逃げて身を守るけれど、あごの力は強く、一度かみついたらなかなかはなさないぞ。

ニホンスッポン ［スッポン科］ 🇯🇵 絶滅危惧種
砂やどろの中にかくれることを好み、首だけを出して水中のようすをさぐります。水中の酸素を体内に取りこむので、長い時間もぐることができます。食用にされます。■30〜35cm ●本州以南／東アジア〜東南アジア ●川、湖、池や沼など ●エビやカニ、魚など ●一度に10〜40個の卵を産む

▲水の中を泳ぐ、ニホンスッポン。

タイコガシラスッポン ［スッポン科］ 絶滅危惧種
体の大きさにくらべて、頭はとても小さいです。砂の中にひそみ、えものをねらいます。■76〜123cm ●タイ、マレーシア、インドネシア ●流れのある大きな川 ●エビやカニ、魚など ●一度に80個ほどの卵を産む

トゲスッポン ［スッポン科］
こうらの先端にとげ状の突起があります。■21〜54cm ●北アメリカ ●川や池など ●エビやカニ、魚など ●一度に20個ほどの卵を産む

インドハコスッポン ［スッポン科］
後ろあしにはふたがあり、あしを引っこめたあとに閉じてかくすことができます。■25〜37cm ●南アジア ●流れのゆるやかな川、池や沼など ●エビやカニ、魚など ●一度に10個ほどの卵を産む

腹甲がまがって、こうらを閉じることができる！

スッポンモドキのなかま

ヒデ博士の「ここに注目！」 ブタみたいな鼻をもつ、ユーモラスな顔！ スッポンモドキのなかまは、現在生きているのは1種だけで、絶滅した種の化石は日本をはじめ世界各地で見つかっているよ。

スッポンモドキ（ブタバナガメ）［スッポンモドキ科］ 絶滅危惧種
泳ぎながら水面に鼻を出して呼吸します。左右のあしにつめが2本ずつあります。■55〜60cm ●オーストラリア北部、ニューギニア島南部 ●流れのゆるやかな川、湖や沼 ●植物の葉や果実、貝など ●一度に15個ほどの卵を産む

マメ知識 水中生活に適応したニホンスッポンですが、じつは陸上でもとても速く移動することができます。人間のおとなでも追いつけないほどです。

ヘビクビガメのなかま

ヒデ博士の「ここに注目！」 長い首がまるでヘビのよう！ ヘビクビガメのなかまは、長い首をすばやく動かしてえものをつかまえるぞ。長い首をまげて、こうらの中に頭をかくすんだ。水中で生活し、陸に上がることはほとんどないよ。

カメ目

▼マタマタは、かれ葉そっくりな体をしている。

マタマタ [ヘビクビガメ科]
かれ葉にそっくりな体をしていて、周囲にまぎれます。水の底で待ちぶせをして、近づいてきたえものを、大きな口で水ごとすいこんでつかまえます。■40〜48㎝ ■南アメリカ北部 ■流れのゆるやかな川、池や沼 ■魚、エビやカニなど ■一度に20個ほどの卵を産む

ヒラタヘビクビガメ [ヘビクビガメ科]
体はかれ葉のような色をしていて、周囲にまぎれます。泳ぎは得意ではなく、熱帯雨林の中の浅い水場でくらします。■16〜18㎝ ■南アメリカ北部 ■流れのゆるやかな川、池や沼 ■魚など ■一度に1個の卵を産む

ヒラリーカエルガメ [ヘビクビガメ科]
水中で活発に動きまわり、食欲がおうせいです。■35〜40㎝ ■南アメリカ中部 ■池や沼 ■魚など ■一度に20個ほどの卵を産む

ヘビクビガメとヨコクビガメの身の守り方
ヘビクビガメとヨコクビガメのなかまは、ほかのカメのように首をこうらの中に引っこめることができません。かわりに、長い首を横にまげて、こうらの中にかくすようにします。

▲首をまげて、こうらにかくすヒラタヘビクビガメ。

オーストラリアナガクビガメ [ヘビクビガメ科]
首はとても長く、こうらの長さと同じくらいあります。危険を感じると、体からくさい液を出します。■20〜23㎝ ■オーストラリア東部 ■流れのゆるやかな川、池や沼 ■魚など ■一度に5個ほどの卵を産む

大きさチェック
マタマタ 48㎝
モンキヨコクビガメ 50㎝
オーストラリアナガクビガメ 23㎝
オオヨコクビガメ 90㎝

■甲長 ■分布 ■生息域 ■食べもの ■繁殖の方法

ヨコクビガメのなかま

ヒデ博士の「ここに注目！」 首を横にまげて、こうらの中にかくす！ ヨコクビガメのなかまは、おもにアフリカと南アメリカにすんでいる。腹甲を動かして箱状になるものや、集団で砂地に上陸して産卵するものなどがいるぞ。

モンキヨコクビガメ ［ヨコクビガメ科］ 絶滅危惧種
子ガメには顔に黄色いはん点がありますが、成長するとほとんど消えてしまいます。■33〜50㎝ ■南アメリカ北部 ■流れのゆるやかな川、湖や沼 ■植物の葉や果実など ■一度に20個ほどの卵を産む

▲砂地の穴の中でふ化し、いっせいに川をめざす子ガメ。

オオヨコクビガメ ［ヨコクビガメ科］
ふだんは川の中にすみ、メスは夜に集団で陸に上がり、川辺の砂地に穴をほって卵を産みます。■60〜90㎝ ■南アメリカ北部 ■大きな川、水につかっている林など ■植物の葉や果実、エビやカニなど ■砂地に一度に100個ほどの卵を産む

カメは万年？ 長生きなカメ

長生きで知られるカメの寿命は、どれくらいでしょうか。現在確認されているうち、もっとも長く生きたカメは、ハリエットと名づけられたガラパゴスゾウガメです。進化論で有名な博物学者ダーウィンが1835年にガラパゴス諸島から連れて帰ったとされています。その後、オーストラリアの動物園で2006年に死ぬまで飼育され、推定175歳まで生きました。そのほか、確かな記録はありませんが、アドワイチャとよばれるアルダブラゾウガメは250年以上生きたといわれています。このカメは、1750年ごろにセーシェル諸島で捕獲され、長いあいだペットとして飼われたあと、2006年に死亡するまで、インドの動物園で130年間飼育されました。

日本の動物園には、ガラパゴスゾウガメが3頭います。そのうちの1頭が静岡県の動物園「iZoo」にいて、2013年で127歳と推定しており、今後、正しい年齢を確かめる研究が行われる予定です。

カメ以外にも、は虫類や両生類にはとても長生きするものがいます。ムカシトカゲは200年、オオサンショウウオは100年生きるといわれています。一方で、ラボードカメレオンは、寿命がわずか5か月間しかありません。

◀オーストラリアの動物園で推定175歳で死んだ、ガラパゴスゾウガメのハリエット。

▶推定250歳まで生きたともいわれる、アルダブラゾウガメのアドワイチャ。

マメ知識 オオヨコクビガメは、肉や卵が生息地では食用にされます。また、現地では養殖もされています。

トカゲのなかま

ヒデ博士の「ここに注目！」 細長い体に、長い尾をもち、4本のあしですばやくかけまわる！ トカゲのなかまは、ほとんどが陸上にすむ。乾燥に強い体をしているので、なかには、砂漠にすむものもいる。すむ場所や食べものにあわせた、いろいろな姿のものがいるぞ。

有鱗目（トカゲ亜目）

トカゲの体のしくみ

口 舌を使ってにおいを感じる！

舌を出し入れして、空気中のにおい物質を口の中にあるにおいを感じる器官にとりこみ、においを確かめる。

◀舌を出したり引っこめたりして、においを感じとるニホントカゲ。

頭頂眼 光を感じる第3の目！

トカゲのなかまの多くは、頭のてっぺんに目と同じようなつくりをした、「頭頂眼」という器官がある。頭頂眼はものを見ることはできないが、光を感じることができる。

▶ニホントカゲの頭頂眼。

耳

目の後ろのほうに、耳の穴がある。種によっては耳の穴がなく、こまくだけのものもいる。

（写真はニホントカゲ）

目 まぶたは下から上に閉じる！

まぶたは、人間とは反対に、下から上に閉じる。ヤモリのなかまは、まぶたがないので、目を閉じることができない。

◀まぶたを閉じるニホントカゲ。

あし 指は前も後ろも5本ずつ！

あしには細長い指があり、木に登ったり、走ったりしやすくなっている。あしが退化して、なくなっている種もいる。

うろこ　体が乾燥するのをふせぐ！

体は、小さくてかたいうろこにおおわれている。うろこは、皮ふをすき間なくおおっているので、体が乾燥するのをふせぐ役目もあり、水分の少ない乾燥した場所でもくらすことができる。温度や体調、まわりの色などにあわせて皮ふの色を変えられる種もいる。

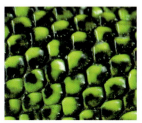

◀ミドリカナヘビのうろこ。かわらのように重なって、しきつめられている。

▶アメリカドクトカゲのうろこ。うろこがビーズのようになっている。

トカゲのくらし

瞬発力がすごい！

ふだんはじっとしていることが多いが、えものをとらえるときや敵から逃げるときなどは、目にも留まらぬスピードで動く。立ちあがって二本足で走ったり、ジャンプして移動したりする種もいる。

▲後ろからすばやくおそいかかってキリギリスをとらえた、イタリアカベカナヘビ。

脱皮をする！

トカゲのなかまは、脱皮をして成長する。トカゲの場合、ヘビのようにきれいに皮がぬげるのではなく、まず古い皮がうかびあがり、それを破りながらぬいでいく。

▶顔の部分の古い皮がめくれた、ニホンヤモリ。

総排出口

後ろあしのつけ根にある、ふんやおしっこを出す部分。メスは、ここから卵を産む。

尾　切れても再生する！

トカゲのなかまの一部は敵におそわれると、自分で尾を切りはなして「おとり」にする（自切）。切れた尾は、しばらく動きつづけて敵の注意を引く。尾が切れたあとは、数十日かけて新しい尾が生えてくる。

1日め

▲しっぽが切れた直後のニホントカゲ。血はほとんど出ない。

10日め

▲切れたところから、新しい尾が生えてくる。

20日め

▲再生した尾が、すこしずつのびているのがわかる。

50日め

▲かなり再生した尾。一度切れた尾にはかたい骨がなく、もとの尾より短くなる。

イグアナのなかま

有鱗目（トカゲ亜目）

ヒデ博士の「ここに注目！」 たてがみやとさかがある、はでな種が多い！ イグアナのなかまは、世界に650種以上がいて、おもに北アメリカや南アメリカ、太平洋の島などにすんでいるよ。小さな種は昆虫を食べ、大きな種はおもに植物を食べるんだ。体のうろこは小さくてなめらかで、のどに大きなひだがある種が多いよ。

◀海の中で、するどいつめで岩にしがみつく、ウミイグアナ。

▶とげをものともせず、サボテンを食べるガラパゴスリクイグアナ。

海と陸に分かれたガラパゴスのイグアナ

太平洋にうかぶガラパゴス諸島にすむガラパゴスリクイグアナとウミイグアナは、もとは同じ種だったと考えられています。食べるもののちがいによって、それぞれ別々の進化をとげ、陸上でサボテンを食べるガラパゴスリクイグアナと、海の中にもぐって海藻などを食べるウミイグアナになりました。ウミイグアナは、海の中での活動に適応しており、1時間ちかく海にもぐっていることができます。

※ここで紹介しているトカゲは、すべてイグアナ科です。

ガラパゴスリクイグアナ 絶滅危惧種
乾燥した陸地にすみ、おもにサボテンを食べます。木に登ることはできません。■80〜130㎝ ■ガラパゴス諸島 ■乾燥した岩場、やぶなど ■サボテンの葉や花、昆虫など ■一度に15個ほどの卵を地中に産む

ウミイグアナ 絶滅危惧種
たてに平たい尾を使って海中を泳ぎ、するどいつめで岩場にしがみついて海藻を食べます。体内にたまった塩分を鼻から飛ばして外に出します。■100〜150㎝ ■ガラパゴス諸島 ■海沿いの岩場 ■海藻など ■一度に4個ほどの卵を地中に産む

▲ウミイグアナのオスとリクイグアナのメスのあいだに生まれた雑種。陸地にすみ、ウミイグアナの特ちょうであるするどいつめを使って木に登り、サボテンを食べる。子どもをつくることはできないといわれている。

ピンクイグアナ 絶滅危惧種 2009年新種
現在までに200匹ほど見つかっています。■87〜108㎝ ■ガラパゴス諸島のイサベラ島北部 ■標高600〜1700mの草原や森 ■植物の葉や花、果実など ■一度に5個ほどの卵を地中に産む

▶オス。尾は、再生したもの。

グリーンイグアナ 🇯🇵
オスはメスより大きくなります。背中のうろこはたてがみのように長く、ほおはこぶのようにふくらみます。■150〜200㎝ ■石垣島(移入)／中央アメリカ〜南アメリカ中部 ■熱帯雨林 ■植物の葉や花、果実など ■一度に30個ほどの卵を地中に産む

◀幼体。子どものころは、体があざやかな黄緑色で、昆虫を好んで食べる。

大きさチェック
グリーンイグアナ 200㎝
ウミイグアナ 150㎝
ガラパゴスリクイグアナ 130㎝

■全長 ■分布 ■生息域 ■食べもの ■繁殖の方法 🇯🇵日本にいる種

有鱗目（トカゲ亜目）

スベヒタイヘルメットイグアナ
危険がせまると大きく口を開け、とさかを広げていかくします。後ろあしでとびはねて、枝から枝へ移動します。■35～40㎝ ■中央アメリカ～南アメリカ北部 ■熱帯雨林 ■昆虫など ■一度に5個ほどの卵を地中に産む

サバクツノトカゲ
危険がせまると最後の手段として、目から血をふきだして敵をおどろかせることがあります。■8～13㎝ ■北アメリカ南西部 ■砂漠 ■アリなど ■一度に8個ほどの卵を地中に産む

ヒロオビフィジーイグアナ 〔絶滅危惧種〕
おもに木の上でくらします。卵のふ化には5か月ほどかかり、メスが卵を守ります。■65～75㎝ ■フィジー諸島、トンガ島 ■乾燥した海沿いの森 ■植物の葉や花、果実など ■一度に4個ほどの卵を地中に産む

ツノアノール 〔絶滅危惧種〕
オスの口の先に長い角があり、オスどうしの戦いやメスへの求愛に使われます。50年ものあいだ、絶滅したと考えられていましたが、2005年に再発見されました。■16～18㎝ ■エクアドルのアンデス地方 ■標高1200m以上の高地の熱帯雨林 ■昆虫など

▲のどの皮ふを広げていかくするグリーンアノールのオス。

グリーンアノール 🇯🇵
オスはなわばりをもちます。日本に移入したものが、元々いた生きものをおびやかし、問題になっています。■18～20㎝ ■沖縄諸島、小笠原諸島（移入）／北アメリカ南東部 ■森、農地など ■昆虫など ■一度に1個の卵を地中に産む

大きさチェック
- グリーンバシリスク 90㎝
- スベヒタイヘルメットイグアナ 40㎝
- グリーンアノール 20㎝

■全長 ■分布 ■生息域 ■食べもの ■繁殖の方法 🇯🇵日本にいる種

※ここで紹介しているトカゲは、すべてイグアナ科です。

▶水の上を走る、グリーンバシリスク。

忍者のように水の上を走るバシリスク

バシリスクのなかまは、水の上を走ることができます。ものすごい速さであしを動かして、あしがしずんでしまうまえに次の一歩をふみだすため、しずまずに走ることができるのです。そのスピードは、なんと1秒間に20歩！ また、後ろあしの指にはひだがあり、あしが水にあたると開きます。すると、より大きな面積で体をささえることができ、しずみにくくなるのです。

▲後ろあしのそれぞれの指にあるひだは、水にあたると開くようになっている。

ギザギザバシリスク
とさかはおうぎのような形に発達します。背中にはうろこがぎざぎざにならび、名前の由来になっています。■60〜70㎝ ■パナマ〜エクアドル北西部 ■平地〜丘陵地の水辺 ■昆虫、ヘビやトカゲなど ■一度に5個ほどの卵を地中に産む

グリーンバシリスク
オスの頭にはとさかが2つあります。■75〜90㎝ ■中央アメリカ ■熱帯雨林の水辺 ■昆虫、ヘビやトカゲなど ■一度に10個ほどの卵を地中に産む

アガマのなかま

ヒデ博士の「ここに注目！」 ざらざらしたうろこをもつ、木登りが得意なトカゲ！　アガマのなかまは、400種以上もいて、アジアやアフリカ、オーストラリアにすんでいる。木に登って、昆虫などを食べる種が多いよ。尾を自分で切ることはできないんだ。

有鱗目（トカゲ亜目）

えりを広げてけんかをする

アガマのなかまのエリマキトカゲは、首まわりに大きなえりのようなひだがあります。このひだは、ふだんは折りたたんでいますが、敵をいかくしたり、オスがメスに求愛したりするときに大きく広げます。オスどうしでひだを広げあって、メスをうばいあったり、なわばり争いをしたりすることもあります。

▲メスを手に入れるため、ひだを大きく広げていかくしあう、2匹のエリマキトカゲのオス。

エリマキトカゲ

湿った気候を好み、ふだんは木の上でくらします。■70～90㎝　■オーストラリア北部、ニューギニア島南部　■平地の林　■昆虫など　■一度に10個ほどの卵を地中に産む

2本のあしで走る

エリマキトカゲは、後ろあし2本だけで立ちあがることができます。敵から逃げるときなどには、長い尾でうまくバランスをとりながら、2本のあしで全力疾走します。

▶尾でバランスをとり、二本足で走る、エリマキトカゲ。

有鱗目（トカゲ亜目）

※このページで紹介しているトカゲは、すべてアガマ科です。

▶オス　◀メス

レインボーアガマ
おとなのオスは、赤と青のうつくしい体色です。
■30〜35㎝ ■アフリカ西部〜中部 ■乾燥した平地の岩場、人家の庭など ■昆虫など ■一度に5個ほどの卵を地中に産む

ブランフォードオオトビトカゲ
皮まくを広げて、滑空して移動します。産卵のとき以外には、地面におりることはありません。■30〜38㎝ ■東南アジア ■平地〜丘陵地の森 ■アリなど ■一度に4個ほどの卵を地中に産む

フトアゴヒゲトカゲ
危険がせまると、のどをふくらませていかくします。■45〜55㎝ ■オーストラリア内陸部 ■乾燥した林や荒れ地 ■昆虫、小型は虫類、植物など ■一度に15個ほどの卵を地中に産む

モロクトカゲ
乾燥した地域にすみ、雨が降ると、体にかかった雨や水たまりの水を体の表面にあるみぞを通して、口に運んで飲みます。■15〜20㎝ ■オーストラリア西部〜中部 ■乾燥した平地の林、砂漠 ■アリなど ■一度に8個ほどの卵を巣穴に産む

インドシナウォータードラゴン
オスは背中のうろこが、とさかのように発達します。危険がせまると水中に飛びこんだり、二本足で走ったりして逃げます。■60〜90㎝ ■中国南部、ベトナム、タイ ■熱帯雨林 ■昆虫、小型ほ乳類など ■一度に10個ほどの卵を地中に産む

バタフライアガマ
トカゲにはめずらしく、子育てをする習性があります。■40〜48㎝ ■インドシナ半島 ■海沿いの砂地や林、農地など ■昆虫や植物など ■一度に5個ほどの卵を巣穴に産む

▶巣穴から顔を出している子どもと、それを守る親。

■全長　■分布　■生息域　■食べもの　■繁殖の方法

カメレオンのなかま

ヒデ博士の「ここに注目！」 ゆっくりとした動きで音を立てずにしのびより、長い舌をのばして虫をつかまえる！ カメレオンのなかまは、木の上の生活に適した体をしているんだ。発達したあしの指と尾で、木の枝をしっかりにぎることができる。環境や体調によって、体の色が変化するよ。

▲昆虫をとらえた、エボシカメレオン。

舌をのばしてえものをとらえる

カメレオンのなかまの最大の特ちょうは、体よりも長くのびる舌です。えものを見つけると、舌のつけ根の筋肉をいっきにゆるめ、舌を「発射」します。舌がえものに命中すると、先端のべたべたした部分がえものの体にくっつき、あっという間に食べられてしまいます。

左右で別々に動く目で、えものを逃がさない

目はぐるぐると動き、背中のほうまで見ることができます。さらに、右と左の目を別々に動かすことができ、広い範囲を一度に視界におさめることができるのです。

▶ミツヅノカメレオンの顔。

※ここで紹介しているトカゲは、すべてカメレオン科です。

パンサーカメレオン
オスの体の色はすんでいる地域によって大きくことなり、青やオレンジ、ピンクなどさまざまです。■35〜52㎝ ■マダガスカル島北東部、インド洋のレユニオン島 ■海沿い〜丘陵地の森 ■昆虫など ■一度に25個ほどの卵を地中に産む

体の色を変えるカメレオン

体の色は、周囲の色や明るさによって変化します。敵やえものに見つかりにくくするためともいわれますが、どんな色にも自由に変えられるわけではありません。体調などによって体色が変わることもあり、興奮すると色が濃くなります。

▲濃い体色のパーソンカメレオン。

▲淡い体色のパーソンカメレオン（左と同じ個体）。

ツノヒメカメレオン
おどろくと手足をちぢめて動かなくなり、落ち葉のふりをします。■8〜12㎝ ■マダガスカル島東部 ■平地〜丘陵地の湿度の高い林の地面 ■昆虫など ■一度に4個ほどの卵を地上や落ち葉の下に産む

ロゼッタカメレオン 絶滅危惧種
朝と夜の気温の差が大きな、乾燥した環境にすみます。すずしい朝には、体についた水滴が体にあるみぞをつたって口に流れこみ、水分を補給することができます。■10〜11㎝ ■マダガスカル島西部 ■岩場 ■昆虫など ■一度に5個ほどの卵を地中に産む

原寸大

ミクロヒメカメレオン 2012年新種 世界最小のは虫類
昼は地上で活動しますが、夜になると10㎝ほどの高さの木の枝に移動してねむります。■2.3〜2.9㎝ ■マダガスカル北部のノシ・ハラ島 ■小川の近くの岩場 ■昆虫など

パーソンカメレオン 世界最大のカメレオン
オスの鼻先には突起があり、オスどうしが頭突きをして争います。■50〜68㎝ ■マダガスカル島北部〜東部 ■熱帯雨林 ■昆虫、ヘビやトカゲ、小型の鳥など ■一度に50個ほどの卵を地中に産む

大きさチェック

パーソンカメレオン 68㎝
ジャクソンカメレオン 35㎝
ミクロヒメカメレオン 2.9㎝

マメ知識 カメレオンの体の色は一部だけ変えることもできます。体の一部だけ光にあたらないようにすると、光のあたったところだけがちがう色になります。

ヨロイトカゲ、カタトカゲなどのなかま

ヒデ博士の「ここに注目！」 ヨロイトカゲのなかまは、よろいのようなかたいうろこでおおわれている！乾燥した地域にすみ、卵ではなく子どもを産む種もいるんだ。カタトカゲのなかまは、砂地や岩場などにすみ、首が太くて体は筒のような形だ。ヨルトカゲのなかまは、夜に活動するよ。

有鱗目（トカゲ亜目）

▶丸くなって身を守る、アルマジロトカゲ。

かたいうろこで身を守る

アルマジロトカゲは、全身がかたいうろこにおおわれています。おなかの部分だけがやわらかく、弱点になるため、敵におそわれると自分の尾をくわえて体を丸めて、おなかを守ります。こうなってしまうと、敵は手も足も出ません。

絶滅危惧種
アルマジロトカゲ [ヨロイトカゲ科]
動物のアルマジロのように、丸くなって身を守ります。■16〜21㎝ ■南アフリカ共和国西部 ■岩の多い荒れ地 ■昆虫など ■一度に2匹ほどの子どもを産む

オオヨロイトカゲ [ヨロイトカゲ科] **絶滅危惧種**
体はとげ状のうろこでおおわれています。地面に2mほどの巣穴をほって生活し、冬は冬眠します。■35〜40㎝ ■南アフリカ共和国北東部 ■平地〜丘陵地の草原 ■昆虫、小型のヘビやトカゲなど ■一度に2匹ほどの子どもを産む

イワヤマプレートトカゲ [カタトカゲ科]
岩のすき間に逃げこむと、息をすって体をふくらませて、引っぱりだされないようにします。食欲がおうせいで、リクガメの子どもを食べることもあります。■70〜75㎝ ■アフリカ南部 ■平地〜丘陵地の岩場 ■昆虫、植物など ■一度に4個ほどの卵を岩場の地中に産む

イボヨルトカゲ [ヨルトカゲ科]
夜行性で、昼間はたおれた木やかれ葉の下にかくれています。オスと交尾をしないで、メスだけで子どもを産むことがあります。■18〜24㎝ ■メキシコ〜パナマ ■平地の湿度の高い林 ■昆虫、ミミズなど ■一度に4匹ほどの子どもを産む

大きさチェック
アルマジロトカゲ 21㎝
イワヤマプレートトカゲ 75㎝
イボヨルトカゲ 24㎝

■全長 ■分布 ■生息域 ■食べもの ■繁殖の方法 ●日本にいる種

トカゲのなかま

ヒデ博士の「ここに注目！」 世界に1300種もいる、いちばん多様なななかま！ うろこはなめらかで、光沢があるのが特ちょうだ。あしは小さく、おなかを地面につけて歩く種が多いよ。

ニホントカゲ ［トカゲ科］ 日本固有種

日当たりのよい場所を好みます。オスは繁殖期になるとのどが赤くなり、オスどうしはメスをめぐってはげしく戦います。産卵後、メスはなにも食べずに卵の世話をし、ふ化するまで守ります。■20〜27㎝ ■本州の近畿地方以西〜九州 ■平地〜丘陵地 ■昆虫など ■一度に10個ほどの卵を地中に産む

▲成体

◀幼体

幼体のときは、尾があざやかな青色をしているぞ！ 自分で切ることができる尾を目立たせて、おとりにするためなんだ。

ニホントカゲのなかまわけ

ニホントカゲは、これまで1種類だと考えられていましたが、2012年に、東日本にすむものと西日本にすむものが、別の種であることが明らかになりました。東日本にすむ種は、「ヒガシニホントカゲ」と名づけられ、北海道から本州の近畿地方までと、ロシアの一部にすみます。

▲新種に分けられた、ヒガシニホントカゲ。

オキナワトカゲ ［トカゲ科］ 日本固有種 絶滅危惧種

草地や農地など、開けた環境にすんでいます。地域によって、色や形がすこしことなります。■15〜20㎝ ■沖縄諸島、トカラ列島、奄美大島 ■平地〜丘陵地 ■昆虫など

オガサワラトカゲ ［トカゲ科］ 日本固有種

おとなも子どもも同じ色をしています。上下のまぶたがくっついており、下まぶたがとうめいなレンズ状のうろこになっていて、つねに目をおおっています。■12〜13㎝ ■小笠原諸島、鳥島、南鳥島、南硫黄島 ■森 ■昆虫など ■一度に3個ほどの卵を地中に産む

日本最大のトカゲ

キシノウエトカゲ ［トカゲ科］ 日本固有種 絶滅危惧種

国の天然記念物に指定されています。■35〜40㎝ ■宮古列島、八重山列島 ■平地の草原など ■昆虫、小型のトカゲなど

有鱗目（トカゲ亜目）

ヘリグロヒメトカゲ ［トカゲ科］ 日本固有種
落ち葉の中では後ろあしはのばしたまま、前あしだけを使って動きます。■8〜12㎝ ■沖縄諸島、奄美諸島、トカラ列島、大隅諸島（竹島、硫黄島、黒島） ■森 ■昆虫など ■一度に5個ほどの卵を地中に産む

下まぶたには、とうめいなまどのようなうろこがあって、まぶたを閉じたままでも、ものを見ることができるんだ。

サキシマスベトカゲ ［トカゲ科］ 日本固有種
ヘリグロヒメトカゲと同じく、下まぶたにとうめいなうろこがあります。■10〜13㎝ ■宮古列島、八重山列島 ■森 ■昆虫など ■一度に8個ほどの卵を地中に産む

スナトカゲ ［トカゲ科］
鼻先がシャベルのように発達し、砂の中を泳ぐように移動するため、「サンドフィッシュ（砂の魚）」ともよばれます。■16〜20㎝ ■アフリカ北部〜アラビア半島、西アジア ■砂漠 ■昆虫など ■一度に5個ほどの卵を地中に産む

▼鼻先で砂をほり、砂の中にもぐるスナトカゲ。

▼オス

ベニトカゲ（ファイアースキンク） ［トカゲ科］
オスはメスより大きく、はでな体色です。■25〜37㎝ ■アフリカ西部 ■熱帯雨林 ■昆虫など ■一度に5個ほどの卵を地中に産む

オマキトカゲ ［トカゲ科］
木の上で生活し、長い尾を枝に巻きつけてバランスをとります。夜行性です。■70〜80㎝ ■太平洋南部のソロモン諸島 ■熱帯雨林 ■植物の葉や花、果実など ■一度に1匹の子どもを産む

シロテンカラカネトカゲ ［トカゲ科］
砂漠や荒れ地にすみ、危険がせまると、すばやく砂の中や岩のすき間にかくれます。■20〜22㎝ ■アフリカ北部〜ヨーロッパ南部、西アジア ■海沿いの砂地、高地の岩場など ■昆虫、小型のヘビやトカゲなど ■一度に8匹ほどの子どもを産む

大きさチェック
- ヘリグロヒメトカゲ 12㎝
- マツカサトカゲ 35㎝
- オマキトカゲ 80㎝
- スナトカゲ 20㎝
- セレベスフタアシトカゲ 15㎝

■全長 ■分布 ■生息域 ■食べもの ■繁殖の方法 ●日本にいる種

青い舌を出していかくするぞ。

ハスオビアオジタトカゲ ［トカゲ科］
あしは短くて小さいです。🟥40〜60㎝ 🟧オーストラリア北部〜東部など 🟩草原、森など 🟦植物、昆虫、小型ほ乳類など 🟪一度に10匹ほどの子どもを産む

アカメカブトトカゲ ［トカゲ科］
オスは体を小きざみに動かしてメスに求愛します。メスは、卵をふ化するまで守ります。🟥16〜18㎝ 🟧ニューギニア島北部 🟩熱帯雨林 🟦昆虫など 🟪一度に1個の卵をたおれた木や石のすき間に産む

マツカサトカゲ ［トカゲ科］
うろこが大きく、体はマツボックリのように見えます。寿命は20年ほどで、毎年同じ相手と子どもを産みます。🟥30〜35㎝ 🟧オーストラリア南部 🟩砂地の草原など 🟦昆虫、植物の花や果実など 🟪一度に2匹ほどの子どもを産む

▲尾は頭とそっくりな形をしていて、敵におそわれたときに尾をおとりにすることで頭を守る（右が頭）。

▲カタツムリを食べるモモジタトカゲ。名前のとおり、舌はもも色をしている。

モモジタトカゲ ［トカゲ科］
成長すると黒いしまもようは消えてしまいます。地上にすみますが、木に登ることもできます。🟥40〜45㎝ 🟧オーストラリア東部 🟩湿度の高い森 🟦カタツムリなど 🟪一度に20匹ほどの子どもを産む

フタアシトカゲのなかま

ヒデ博士の「ここに注目！」 あしが退化した、土の中にすむトカゲ！ あしがないように見えるけれど、じつはオスにだけ、ひれのようになった小さな後ろあしが残っているんだ。体をくねらせて移動するよ。

セレベスフタアシトカゲ ［フタアシトカゲ科］
目は皮ふの下にかくれています。口にさわるとかみつきます。🟥14〜15㎝ 🟧スラウェシ島 🟩熱帯雨林 🟦昆虫など

マメ知識 アオジタトカゲは、遠くから見るとあしがないようにみえることがあり、ヘビに似た未確認生物、「ツチノコ」の正体ではないかといわれることがあります。

カナヘビのなかま

ヒデ博士の「ここに注目！」 細長い体と長い尾で、すばしっこく動く！ カナヘビのなかまは、ユーラシア大陸とアフリカ大陸のほぼ全域に、200種以上がすんでいるぞ。トカゲのなかまに似ているけど、うろこは光沢がなくざらざらしていて、舌はヘビのように、先が2つに分かれているよ。

有鱗目（トカゲ亜目）

ニホンカナヘビ ［カナヘビ科］ 日本固有種

人家の近くなどでよく見かけるトカゲです。草地などにすみ、危険がせまると、かれ草の中などに逃げこみます。
■17〜27㎝ ■北海道〜九州、屋久島 ■平地〜丘陵地の草原や森など ■昆虫など ■一度に5個ほどの卵を地中に産む

◀オスは、メスにかみついておさえつけ、交尾をする。

とても長い尾が特ちょうだ！

アオカナヘビ ［カナヘビ科］ 日本固有種

草の上で休みます。■20〜25㎝ ■トカラ列島（宝島、小宝島）、奄美諸島、沖縄諸島 ■平地〜丘陵地の草原や森 ■昆虫など ■一度に2個ほどの卵を地中に産む

世界でもっとも北にすむは虫類！ 寒さに強く、北極圏や標高3000mの高地にもすんでいるよ！

コモチカナヘビ ［カナヘビ科］

メスは子どもを産みますが、地域によっては卵を産むものもいます。■14〜18㎝ ■北海道／ユーラシア大陸北部 ■平地〜高地の草原や森 ■昆虫など ■一度に5匹ほどの子どもを産む

絶滅危惧種

卵を産むトカゲと子どもを産むトカゲ

トカゲの多くは卵を産みますが、なかにはコモチカナヘビのように、直接子どもを産むものもいます。これは、子どもが無事に育つためのくふうだと考えられています。たとえば寒い地域では、土の中に卵を産むと寒さで死んでしまいます。そのため、お母さんがおなかの中で卵を育て、日光浴をしてあたためるなどして、無事に子どもになるまで育てるのです。

▲卵を守るニホントカゲ。

▲出産間近でおなかが大きい、コモチカナヘビのメス。

大きさチェック

- ニホンカナヘビ 27㎝
- バンデッドテグー 120㎝
- コモチカナヘビ 18㎝
- サキシマカナヘビ 32㎝
- ギアナカイマントカゲ 120㎝

■全長 ■分布 ■生息域 ■食べもの ■繁殖の方法 ■日本にいる種

アンチエタヒラタカナヘビ ［カナヘビ科］
砂漠にすみ、4本のあしを交互にもちあげて、熱い砂でやけどしないようにします。危険がせまると砂の中にもぐります。■10～12㎝ ■ナミビア西部～アンゴラ南西部 ■砂漠 ■昆虫など ■一度に2個ほどの卵を地中に産む

ミドリカナヘビ ［カナヘビ科］
乾燥した草原や林にすみ、人家の庭にもあらわれます。子どもは茶色です。■30～40㎝ ■ヨーロッパ東部～トルコ ■平地～丘陵地 ■昆虫など ■一度に10個ほどの卵を地中に産む

日本最大のカナヘビ **サキシマカナヘビ** ［カナヘビ科］ 日本固有種 絶滅危惧種
アオカナヘビに似ていますが、背中のうろこは小さく、鼻先から目の後ろまで黒い線があります。■26～32㎝ ■八重山列島の西表島、石垣島など ■森 ■昆虫など ■一度に2個ほどの卵を地中に産む

テグーのなかま

ヒデ博士の「ここに注目！」 頭が大きくて、首が短い！ テグーのなかまは、北アメリカから南アメリカに140種ほどがすんでいる。全長は10㎝から1mをこえるものまでさまざま。大きな種は、オオトカゲに似ている。どの種も、尾は切れやすいんだ。

バンデッドテグー ［テグー科］
敵が近づくと、尾をむちのようにたたきつけて攻撃します。地上にすみ、木には登りません。■80～120㎝ ■南アメリカ北部～中部 ■平地の草原や森 ■昆虫、鳥、小型ほ乳類、鳥の卵など ■一度に20個ほどの卵を地中やシロアリの巣に産む

アミーバトカゲ ［テグー科］
警戒心が強くて逃げあしが速いので、「ジャングルランナー」ともよばれます。■45～50㎝ ■中央アメリカ～南アメリカ ■熱帯雨林 ■昆虫など ■一度に5個ほどの卵を地中に産む

うろこが、ワニのようにごつごつしているぞ！

ニジイロハシリトカゲ ［テグー科］
成長したオスは、色あざやかな虹色の体色ですが、メスと子どもは地味な茶色です。■18～25㎝ ■中央アメリカ～南アメリカ ■平地の森や農地など ■昆虫、小型は虫類など ■一度に2個ほどの卵を地中に産む

◀オス

ギアナカイマントカゲ ［テグー科］
尾はたてに平たく、泳ぐのに適しています。うすのような歯で、巻き貝をかみくだいて食べます。■100～120㎝ ■南アメリカ北東部 ■熱帯雨林の水辺 ■巻き貝、昆虫など ■一度に5個ほどの卵を地中に産む

67

ヤモリのなかま

有鱗目（トカゲ亜目）

ヒデ博士の「ここに注目！」
忍者のように、かべや天井にはりつく！ ヤモリのなかまは体の皮ふがやわらかく、多くの種が、敵におそわれると尾を切って逃げる。おもに夜に活動するよ。

▶ガラスにはりつく、トッケイヤモリ。

どこにでもはりつく
ヤモリのなかまは、あしの指の先に目に見えないほど細かい毛がびっしりと生えていて、それが、かべにはりつく力を生みだしています。あしの指を大きく広げて、かべなどにはりつくと、全身の重さを支えることができます。そのためヤモリは、かべや天井を伝って自由に移動することができるのです。

▲トッケイヤモリの前あしのうら。

ニホンヤモリ 🇯🇵
夜になると、電灯に集まる虫を食べにあらわれます。冬は人家のすき間や材木の下などで冬眠します。 ■10〜14cm ■本州、四国、九州／中国東部、朝鮮半島南部 ■人家の周辺 ■昆虫など ■一度に2個ほどの卵を木のすき間などに産む

ホオグロヤモリ 🇯🇵
世界中の熱帯や亜熱帯の地域にすんでいます。尾に、とげ状の突起がたくさんあります。 ■9〜13cm ■小笠原諸島、奄美大島以南の島々（移入）／世界中の熱帯〜亜熱帯 ■人家の周辺、森など ■昆虫など ■一度に2個ほどの卵を木のすき間などに産む

ミナミトリシマヤモリ 🇯🇵 【絶滅危惧種】
尾のふちのうろこは大きく、のこぎり状で、親指はとても小さいです。 ■12〜19cm ■南鳥島、南硫黄島／ミクロネシアのグアム島など ■海沿いの岩場や林など ■昆虫など

日本最大のヤモリ

大きさチェック
- ニホンヤモリ 14cm
- トッケイヤモリ 35cm
- ツギオミカドヤモリ 42cm

■全長　■分布　■生息域　■食べもの　■繁殖の方法　🇯🇵日本にいる種

※ここで紹介しているトカゲは、すべてヤモリ科です。

トッケイヤモリ
木の穴に群れですみ、夜になると大きな声で「トッケイトッケイ」とくりかえし鳴きます。鳴き声は地域によってすこしことなります。■25〜35cm ■東南アジア ■森 ■昆虫、小型のヘビやトカゲ、小型ほ乳類など ■一度に2個ほどの卵を木のすき間などに産む

▲目をなめるトッケイヤモリ。ヤモリのなかまはまぶたがないので、ときどき舌でよごれをなめとる。

ニュージーランドミドリヤモリ
木の上で生活し、尾をカメレオンのように枝に巻きつけます。寿命は長く、30年以上です。■10〜13cm ■ニュージーランドの北島 ■森 ■昆虫など ■一度に2匹ほどの子どもを産む

目のまわりに、まつげのようなかざりがあるのが特ちょうだよ。

オウカンミカドヤモリ
すんでいる場所が限られており、1994年に再発見されるまで、絶滅していたと考えられていました。■18〜20cm ■ニューカレドニア島南部 ■熱帯雨林 ■昆虫など ■一度に2個ほどの卵を地中に産む

エダハヘラオヤモリ
尾は、かれ葉のような形です。地面に近い木の枝の上でくらします。動きはゆっくりで、ふだんはかれ葉のふりをしています。■7〜10cm ■マダガスカル島東部 ■熱帯雨林 ■昆虫など ■一度に2個ほどの卵を地面に産む

尾が「へら」のような形をしているよ。

尾の先が、玉のような形をしているんだ。

ナメハダタマオヤモリ
体の皮ふがなめらかです。夜行性で、昼間は土の中の巣穴ですごします。■12〜14cm ■オーストラリア中部〜西部 ■砂漠、荒れ地 ■昆虫など ■一度に2個ほどの卵を地中などに産む

ツギオミカドヤモリ
体重は400gにまで成長します。「グエッ」という鳴き声がおそろしげなため、生息地では「木にすむ悪魔」とよばれていますが、実際の性格はおだやかです。■34〜42cm ■ニューカレドニア島 ■熱帯雨林 ■昆虫、果実など ■一度に2個ほどの卵を地中に産む

世界最大のヤモリ

有鱗目（トカゲ亜目）

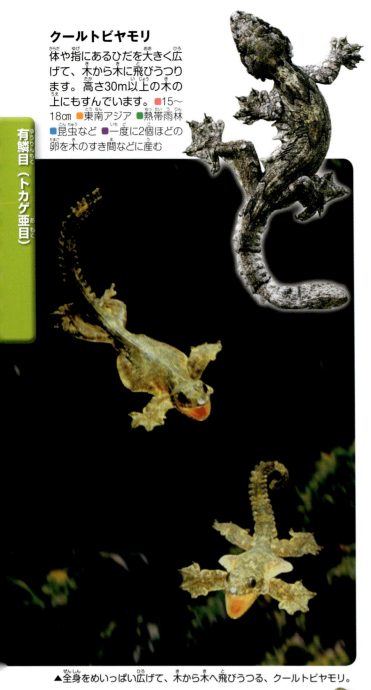

クールトビヤモリ
体や指にあるひだを大きく広げて、木から木に飛びうつります。高さ30m以上の木の上にもすんでいます。■15〜18㎝ ■東南アジア ■熱帯雨林 ■昆虫など ■一度に2個ほどの卵を木のすき間などに産む

▲全身をめいっぱい広げて、木から木へ飛びうつる、クールトビヤモリ。

※このページで紹介しているトカゲは、すべてヤモリ科です。

アオマルメヤモリ 絶滅危惧種
繁殖期になると、オスの体は金属のように光る青色になります。■7〜9㎝ ■タンザニアのウルグル山地東部 ■丘陵地の森 ■昆虫など ■一度に2個ほどの卵を木のすき間などに産む

▼メス

▶オス

絶滅危惧種 トーレチビヤモリ
昼間に活動する小型のヤモリです。オスとメスで体の色がちがいます。■7〜8㎝ ■キューバ南東部 ■海沿いの林など ■昆虫など ■一度に1個の卵をたおれた木のすき間などに産む

前あしと後ろあしに、水かきのようなまくがあるよ！

ミズカキヤモリ
指の間にあるまくは、砂の上を歩いたり、穴をほったりするのに役立ちます。■10〜14㎝ ■アフリカ南西部のナミブ砂漠 ■砂漠 ■昆虫など ■一度に2個ほどの卵を地中に産む

絶滅危惧種 スタンディングヒルヤモリ
日中に活動する大きなヤモリです。1本の木にオスとメスが1匹ずつくらします。オスどうしはメスをめぐってはげしく争います。■28〜33㎝ ■マダガスカル島南西部 ■乾燥した林など ■昆虫、小型のヘビやトカゲ、果実など ■一度に2個ほどの卵を木のすき間などに産む

大きさチェック
- クールトビヤモリ 18㎝
- ミズカキヤモリ 14㎝
- クロイワトカゲモドキ 19㎝
- バートンヒレアシトカゲ 60㎝

■全長 ■分布 ■生息域 ■食べもの ■繁殖の方法 ●日本にいる種

トカゲモドキのなかま

ヒデ博士の「ここに注目！」 太い尾に栄養をたくわえる！ トカゲモドキのなかまは、ヤモリに似ているけど、かべを登ることはできず、地上で生活するんだ。目にはまぶたがあるよ。

日本固有種　絶滅危惧種

クロイワトカゲモドキ［トカゲモドキ科］

昼間は岩やたおれた木のすき間にかくれ、夜になると地上にあらわれます。1978年に沖縄県の天然記念物に指定されました。すんでいる島ごとに、いろいろな亜種に分かれていて、それぞれちがう名前でよばれています。■14〜19cm ■沖縄諸島、徳之島 ■森の岩場など ■昆虫、ミミズなど ■一度に2個の卵を産む

▲久米島にすむ亜種、クメトカゲモドキ。

▲伊江島、渡嘉敷島、渡名喜島、阿嘉島にすむ亜種、マダラトカゲモドキ。

ヒョウモントカゲモドキ［トカゲモドキ科］

気温の変化がはげしい、乾燥した地域にすみます。■20〜27cm ■アフガニスタン、パキスタンなど ■岩の多い荒れ地など ■昆虫など ■一度に2個の卵を地中に産む

ヒレアシトカゲのなかま

ヒデ博士の「ここに注目！」 あしのない、ヘビに似たトカゲ！ あしは退化していて、ひれ状の小さな後ろあしだけが残っている。ヤモリにちかいなかまで、まぶたはないんだ。ヘビとはちがって耳の穴があり、尾を自分で切って再生することができるよ。

バートンヒレアシトカゲ［ヒレアシトカゲ科］

えものをつかまえると、丸のみにして食べます。うす暗い時間に活発に動きます。■50〜60cm ■オーストラリア、ニューギニア島南部 ■砂漠、森など ■小型のヘビやトカゲ ■一度に2個の卵をたおれた木の下や落ち葉の下に産む

絶滅危惧種

クイーンズランドクビワヒレアシトカゲ［ヒレアシトカゲ科］

体はなめらかで、尾は体より長く、舌の先はヘビとはちがい、2つに分かれていません。■15〜19cm ■オーストラリアのクイーンズランド州 ■岩の多い森 ■昆虫など ■一度に2個の卵を落ち葉の下や岩のすき間に産む

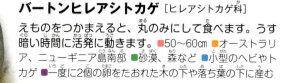

▶舌で目をなめて、乾燥を防ぐ。この行動で、ヤモリにちかいなかまであることがわかる。

くびわのような、黒いもようがあるよ。

オオトカゲのなかま

ヒデ博士の「ここに注目！」 大きなものは、体重100kg以上！ オオトカゲのなかまは、まるで恐竜のようながっしりとした体つきをしているんだ。首が長く、太いあしには、するどいつめがあるよ。尾は長く、むちのようにふって敵を追いはらうぞ。尾を自分で切ることはできないよ。

有鱗目（トカゲ亜目）

▶シカの肉にくらいつく、コモドオオトカゲ。

肉にくらいつく巨大トカゲ

オオトカゲのなかまの多くは肉食で、とくに大型のコモドオオトカゲは、家畜や人間をおそって食べることもあります。えものにかみつくと、強いあごで肉を引きちぎって食べます。

◀立ちあがって戦う、コモドオオトカゲのオス。

オスどうしの戦い

繁殖のシーズンになると、コモドオオトカゲのオスは、メスをめぐってはげしく争います。後ろあしで立ちあがり、組みあって戦うようすがおどっているようにみえることから、「コンバット・ダンス（戦いのおどり）」とよばれています。しばらく争ってから、負けたほうはその場を立ち去ります。

世界最大のトカゲ　絶滅危惧種

コモドオオトカゲ（コモドドラゴン）［オオトカゲ科］
だ液には毒がふくまれています。子どものころは木の上にすみ、昆虫や小型のヘビやトカゲを食べます。メスだけで卵を産み、子どもをつくることがあります。■260〜313㎝ ■インドネシアのコモド、リンチャ島など ■海沿い〜丘陵地の草原や森など ■イノシシやシカなどのほ乳類 ■一度に20個ほどの卵を地中に産む

皮ふは、かたくてざらざらしているよ。

■全長　■分布　■生息域　■食べもの　■繁殖の方法

有鱗目（トカゲ亜目）

エメラルドオオトカゲ ［オオトカゲ科］
木の上にすみます。警戒心が強く、危険を感じると、木の穴から出てきません。■75〜100㎝ ■ニューギニア島など ■熱帯雨林 ■昆虫、ヘビやトカゲ、鳥など ■一度に4個ほどの卵を地中などに産む

コバルトオオトカゲ ［オオトカゲ科］
2001年新種
木の上で生活し、尾を枝に巻きつけて体を支えます。木の穴にすみ、昼間に日光浴のために外に出てきます。■100〜120㎝ ■インドネシアのバタンタ島 ■熱帯雨林 ■昆虫、ヘビやトカゲ、鳥など ■一度に5個ほどの卵を地中などに産む

ナイルオオトカゲ ［オオトカゲ科］
奥歯でかたいものをかみくだくことができ、カニやカタツムリ、ワニの卵を食べることもあります。■180〜243㎝ ■アフリカ ■湖や沼、川など ■巻き貝、昆虫、小型ほ乳類など ■一度に30個ほどの卵をシロアリの巣などに産む

サバクオオトカゲ ［オオトカゲ科］
砂漠などにすみ、サソリやコブラを食べることもあります。ネズミの巣穴でくらすことが多く、雪が降る地域にすむものは冬眠します。■120〜150㎝ ■アフリカ北部〜中東、中央アジア、インド北西部 ■砂漠、荒れ地 ■サソリ、昆虫、小型のヘビやトカゲなど ■一度に15個ほどの卵を地中に産む

▲やぶの中のミズオオトカゲ。

ミズオオトカゲ ［オオトカゲ科］
水辺で生活し、泳ぎが得意です。成長すると体重は30kg以上になります。■200〜250㎝ ■東南アジア ■マングローブなど ■魚、両生類、小型ほ乳類など ■一度に20個ほどの卵を地中などに産む

大きさチェック
- コモドオオトカゲ 313㎝
- アメリカドクトカゲ 50㎝
- コバルトオオトカゲ 120㎝
- ハナブトオオトカゲ 244㎝

■全長 ■分布 ■生息域 ■食べもの ■繁殖の方法

ハナブトオオトカゲ [オオトカゲ科]
全長は最大で4mにもなるといわれ、世界最長のトカゲであるともいわれていますが、はっきりとはわかっていません。長い尾を木に巻きつけて体を支えます。■200〜244㎝ ■ニューギニア島 ■熱帯雨林 ■ワラビーなどのほ乳類、鳥、ヘビやトカゲなど ■一度に10個ほどの卵を地中に産む

尾が長く、全長の3分の2にもなるんだ！

レースオオトカゲ [オオトカゲ科]
しまもようや白いはん点もようなど、体のもようはさまざまです。子どものころはほとんど地上におりず、木の上でくらします。■160〜200㎝ ■オーストラリア東部 ■草原、森 ■昆虫、ヘビやトカゲ、小型ほ乳類など ■一度に10個ほどの卵をシロアリの巣などに産む

トゲオオオトカゲ [オオトカゲ科]
岩のすき間にひそみ、とげ状のうろこがある尾で体をかくし、敵から身を守ります。■60〜70㎝ ■オーストラリア北部 ■砂漠、荒れ地 ■昆虫、小型のヘビやトカゲなど ■一度に10個ほどの卵を地中に産む

ドクトカゲのなかま

ヒデ博士の「ここに注目！」 下あごにためた毒を、かみついた相手の体に送りこんで弱らせる！ ドクトカゲのなかまは、名前のとおり毒をもったトカゲで、あごの力は強く、かみつくとなかなかはなさないぞ。体はビーズ玉のような形のうろこにおおわれているんだ。

◀鳥の巣をおそって、卵を食べるアメリカドクトカゲ。

ふくらんだ下あごに、毒をためているんだ！

アメリカドクトカゲ [ドクトカゲ科]
動きはにぶく、おもに地上にある鳥の巣をさがして、巣の中の卵やひなを食べます。食べ物が豊富な雨季のあいだにたくさん食べ、太い尾に栄養をためます。■40〜50㎝ ■アメリカ南部〜メキシコ北西部 ■砂漠、荒れ地、森など ■鳥や鳥の卵、小型ほ乳類など ■一度に5個ほどの卵を地中に産む

メキシコドクトカゲ [ドクトカゲ科]
ふだんは地上で生活をしますが、木に登ることもあります。昼に活動し、夜は巣穴で休みます。■80〜100㎝ ■メキシコ北西部、グアテマラ ■乾燥した森 ■鳥の卵、小型ほ乳類など ■一度に10個ほどの卵を地中に産む

マメ知識 ドクトカゲがもつ毒は、コブラなどがもつものに似た「神経毒」で、とても強力です。神経毒をもつトカゲは、ドクトカゲ科の2種だけです。

ワニトカゲ、ミミナシオオトカゲのなかま

ヒデ博士の「ここに注目！」 ごつごつした体の、ワニみたいなトカゲ！ ワニトカゲのなかまは1種だけで、あごの力は強く、えものにしっかりとかみつくぞ。ミミナシオオトカゲは、目が小さくて耳がない。水中でえものをさがすときは、尾を岩に巻きつけて流されないようにするんだ。

ワニのような、ごつごつしたうろこをしているぞ！

チュウゴクワニトカゲ [ワニトカゲ科]
危険がせまると水中に飛びこみます。あたたかくなると、オスは頭を上下に動かしてメスに求愛します。■40〜46㎝ ■中国南西部、ベトナム北部 ■渓流 ■昆虫など ■一度に5匹ほどの子どもを産む

舌の先は、ヘビのように2つに分かれているよ。

ミミナシオオトカゲ [ミミナシオオトカゲ科]
1877年に新種記載されましたが、現在までに確認されたのは数十匹です。■30〜36㎝ ■東南アジアのボルネオ島北西部 ■森を流れる小川や渓流 ■ミミズ

アシナシトカゲのなかま

ヒデ博士の「ここに注目！」 あしがない種は、まるでヘビのよう！ アシナシトカゲのなかまには、あしが完全になくなっていて、ヘビそっくりのものがいるぞ。まぶたと耳の穴がある、尾を自分で切って再生することができる、などの点でヘビと見分けることができる。

体の側面には、皮ふが折りまげられてできたしわがあって、えものを飲みこんだときなどに広がるんだ！

アオキノボリアリゲータートカゲ
[アシナシトカゲ科] 絶滅危惧種
あしがあり、指が長く、木の上での生活に適しています。長い尾を木の枝に巻きつけることができます。■20〜25㎝ ■メキシコ ■高地の森 ■昆虫、カタツムリなど ■一度に4匹ほどの子どもを産む

ヨーロッパアシナシトカゲ（バルカンヘビガタトカゲ）
[アシナシトカゲ科]
大きくかたいうろこにおおわれているため、ヘビのようになめらかには動けません。メスは卵をだいて、ふ化するまで守ります。寿命は50年以上と長生きです。■100〜120㎝ ■バルカン半島〜中央アジア ■岩場、やぶなど ■昆虫、カタツムリなど ■一度に10個ほどの卵を岩のすき間などに産む

大きさチェック
チュウゴクワニトカゲ 46㎝
ヨーロッパアシナシトカゲ 120㎝
ダンダラミミズトカゲ 45㎝

■全長 ■分布 ■生息域 ■食べもの ■繁殖の方法

ミミズトカゲのなかま

ヒデ博士の「ここに注目！」 ミミズそっくりでもは虫類！ ミミズトカゲのなかまは、世界に150種ほどがいる。完全に地中で生活するため、地上にはめったにあらわれないんだ。体をのばしたりちぢめたりしながら動く姿は、ミミズにそっくり。でも、あごには歯があって、えものにかみつくぞ。

ミミズトカゲの体のしくみ

（写真はシロハラミミズトカゲ）

うろこ
平たいうろこが輪になってならんでいる。筋肉をのびちぢみさせて、前にも後ろにも進むことができる。

ミミズトカゲのくらし

土をほってくらす！
シャベルのような頭を上下に動かして、土をほりすすむ。一生のほとんどを、土の中ですごす。

あし
ほとんど退化している！
ミミズトカゲのなかまの多くにはあしはない。種によっては、とても小さな前あしが2本あるものもいる。

頭 皮ふの下の目とじょうぶな頭！
ミミズトカゲの目はとても小さく、半とうめいの皮ふの下にあって、光を感じることができるが、はっきりとものを見ることはできない。頭は、土をほることができるようにがんじょうになっている。

▲シロハラミミズトカゲの頭部。

頭の形がシャベルのようになっていて、土をほりやすい形をしているぞ！

ダンダラミミズトカゲ
[ミミズトカゲ科]
黒と白のだんだらもようです。総排出口が体の後ろのほうにあり、尾はとても短いです。■30〜45㎝ ●南アメリカ北部 ●落ち葉がたまったやわらかい地中 ■ミミズ、昆虫など ●アリの巣の中などに産卵する

フロリダミミズトカゲ [ミミズトカゲ科]
■20〜40㎝ ●アメリカ合衆国のフロリダ半島 ●砂がまじる土の中 ■果実、昆虫など ●一度に1個ほどの卵を地中に産む

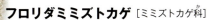

前あしの5本の指には長いつめが生えていて、土をほることができるんだ！

アホロテトカゲ [フタアシミミズトカゲ科]
2本の小さな前あしがあります。直径1㎝ほどの、細長いトンネルの中で生活します。■17〜24㎝ ●メキシコのバハ・カリフォルニア半島 ●砂質のやわらかい地中 ■ミミズ、昆虫など ●一度に2個ほどの卵を地中に産む

もの知りコラム！
危機にあるは虫類・両生類

は虫類・両生類のなかには、そのままほうっておくと、絶滅してしまうおそれのある種がいます。そうした種は、国や国際的な機関によって、「絶滅危惧種」に指定されています。

絶滅危惧種って？

現在、世界の生物には多くの種が存在します。しかし、ペットやはく製にするためにつかまえられたり、すみかとなる環境が破壊されたりするなど、人間の活動が原因で数が減ってしまった種もあります。国際自然保護連合（IUCN）は、世界の野生動物の状態を調べ、絶滅のおそれのある種をリストにまとめて発表しています。これを「レッドリスト」といいます。また、日本では、環境省が日本にすむ種の状態をまとめて、日本版のレッドリストをつくっています。さらに、レッドリストをもとに絶滅のおそれのある種の分布や生息状況などをまとめた、「レッドデータブック」も発行されています。

こうした情報をもとに、世界の国々で、生きものをあつかうときのルールが決められます。「絶滅のおそれのある野生動植物の種の国際取引に関する条約（CITES）」（通称、ワシントン条約）では、3万種以上の生きものについて、許可なく国を越えて移動させてはならないと定められています。「附属書」とよばれるリストに希少なものから順に、Ⅰ、Ⅱ、Ⅲの3つのグループに分けられて記載され、ワニやリクガメのなかまなどが指定されています。絶滅の危険が少なくても、ペットやはく製にするために、たくさんつかまってしまうおそれがある種は、ワシントン条約のリストに入っています。

◎絶滅の危険度のランク

絶滅危惧種

絶滅危惧Ⅰ類
絶滅の危機にひんしている種。現在の状態が続くと野生での存続が困難になるもの。IUCNではさらに、ごくちかい将来における野生での絶滅の危険性がきわめて高い「ⅠA類」と、それ以外の「ⅠB類」の2つに分けている。

絶滅危惧Ⅱ類
絶滅の危険が増大している種。

準絶滅危惧
生息条件の変化によっては、絶滅危惧となる可能性のあるもの。

高 ↑ 低

※このほかに、情報不足（評価するだけの情報が不足している種）、絶滅のおそれのある地域個体群（特定の地域でくらすものについて、絶滅のおそれがある種）などの分類がある。この図鑑では、「絶滅危惧Ⅰ類およびⅡ類」にあたる種について、「絶滅危惧種」のマークを入れている。

◎絶滅のおそれがある、は虫類・両生類

▼インドガビアル（IUCN：絶滅危惧ⅠA類、ワシントン条約：附属書Ⅰ）

▼ガラパゴスゾウガメ（IUCN：絶滅危惧Ⅱ類、ワシントン条約：附属書Ⅰ）

▲チュウゴクオオサンショウウオ（IUCN：絶滅危惧ⅠA類、ワシントン条約：附属書Ⅰ）

▼セマルハコガメ（IUCN：絶滅危惧ⅠB類、環境省：絶滅危惧Ⅱ類、ワシントン条約：附属書Ⅱ）

もの知りコラム！
外来種の脅威

日本にいるは虫類・両生類のなかには、もともと日本にはいなかったのが、外国からもちこまれたものもいます。こうした種は、日本の生きものによくない影響をあたえることがあります。

外来種がもとからいた種をおびやかす

身近な川や池をのぞいてみると、耳のまわりが赤いカメの姿をよく見かけます。じつはこのカメの正体は、もともと北アメリカにすんでいた、ミシシッピアカミミガメです。ミシシッピアカミミガメのように、もともと日本にはいなかったものが、人間にもちこまれるなどして定着し、日本でくらしていることがあります。こうした種を、「外来種」といいます。外国からもちこまれるばかりでなく、日本国内から、もともとすんでいなかった地域にもちこまれた種を「国内外来種」とよぶこともあります。外来種は、それまでの生きものたちがつくってきた自然のバランスをくずし、もともといた生きものを食べつくしてしまったり、食べものやすみかをうばったり、新しい病原菌をもちこんだりしてしまう可能性があります。また、もともといた種と交尾をして、雑種をつくってしまうこともあります。これを「遺伝子汚染」といい、ちがう種の遺伝子がまじると、やがてもとの種がいなくなってしまうおそれがあります。

外来種からもとの種を守るためにも、ペットを近所にはなしたりはせず、最後まで責任をもって飼うようにしましょう。

▲クサガメとミナミイシガメの間にできた、雑種の子ども。クサガメでもミナミイシガメでもない。

◎おもな外来種

ミシシッピアカミミガメ
日本全国の川や池で確認されている。ペットとして売られている。成長すると大きくなり、寿命は40年以上もある。

グリーンアノール
北アメリカにすんでいたが、小笠原諸島で増えてしまい、そこにしかいない貴重な昆虫などが食べられてしまっている。輸入や販売、飼育が禁止されている。

タイワンハブ
台湾や中国などに分布していて、沖縄島に移入。毒は日本のハブより強力で危険。輸入や販売、飼育が禁止されている。

カミツキガメ
アメリカ大陸原産で、現在は輸入や販売が禁止されているが、過去にペットとして飼われていたものが逃げだし、千葉県や静岡県で増えている。気があらく、かみつかれるとけがをすることがある。

ウシガエル
日本全国で増えていますが、もともと北アメリカの水辺にすむカエル。一度に2万個ほどの卵を産み、オタマジャクシは大型。オタマジャクシもふくめ、輸入や販売、飼育が禁止されている。

有鱗目（ヘビ亜目）

ヘビのなかま

ヘビの体のしくみ

ヒデ博士の「ここに注目！」 細長い体をくねらせて、自由自在に動く！　ヘビのなかまは、世界に3000種以上がいて、大きさは10cmから10mまでさまざま。どの種も肉食で、動物をつかまえて食べる。毒ヘビの多くは、牙から毒液を流しこんでえものをしとめるんだ。また、暗闇でも、えものの体温を感じとり、つかまえることができるヘビもいるよ。

（写真はヤマカガシ）

尾　体全体が尾のような形だが、実際は総排出口よりも後ろが尾にあたる。

総排出口　ふんやおしっこを出す部分。メスは、卵をここから産む。

腹板　ヘビのおなかがわには、はばの広いうろこがならんでいて、この部分の筋肉を伸ばしたりちぢめたりすることで前に進むことができる。

▲ジムグリの腹板。

ヘビの脱皮は芸術的！

ヘビのなかまは、脱皮をくり返して成長します。ヘビはまるでくつしたをぬぐように古い皮をぬぎます。ぬぎすてた皮にはうろこのあとがくっきりと残ります。

❶ シマヘビの脱皮。頭の部分の皮がめくれる。

❷ 胴体の部分の皮を、くつしたをぬぐようにすこしずつぬいでいく。

❸ 全身の皮をぬぐ。

うろこ 細かいうろこがびっしり！

ヘビの体の表面は、細かいうろこがおおっている。体を保護し、乾燥をふせぐことができるうえ、柔軟な動きをさまたげることもない。

▲エメラルドツリーボアのうろこ。かたいうろこが規則正しくならんでいる。

口 大きく開いて、えものを丸のみに！

ヘビの口は、上あごと下あごの間に関節が2か所あり、とても大きく開けられるようになっている。そのため、自分の頭より大きなえものを飲みこむことができる。ヘビにはすりつぶすような歯がないため、えものは丸のみにして、ゆっくりと体の中で溶かす。

◀大きく口を開けて、アメリカヒキガエルを飲みこもうとするトウブシシバナヘビ。

耳 ヘビには耳がない！

ヘビには耳の穴やこまくがないが、あごの骨や体につたわる振動を感知して、音を感じることができる。

目 まぶたがなく、とうめいなうろこがおおっている！

ヘビにはまぶたがないので、まばたきをすることができない。かわりに、目をとうめいなうろこがおおっていて、傷や乾燥から目を守っている。

舌 においを感じる高性能センサー！

ヘビの舌は、先が2つに分かれている。この舌を外に出して空気中のにおい物質をとりこみ、口の中にある器官に運びこむことで、においを感じることができる。

▲先端が2つに分かれた舌を出す、イワサキセダカヘビ。

ヘビのくらし

巻きつく！

体を自由に動かして、いろいろなものに巻きつくことができる。

▶オスどうしで巻きつきあって争う、アオダイショウ。

▲ネズミに巻きついてしめつける、ボアコンストリクター。

泳ぐ！

ヘビのなかには、泳ぎが得意なものが多い。体が大きく重い種には、水の中のほうがすばやく動けるものもいる。

▶田んぼの水の中を泳ぐシマヘビ。

コブラのなかま

有鱗目（ヘビ亜目）

ヒデ博士の「ここに注目！」 強い毒をもつ危険なヘビ！ コブラのなかまは、口の中に毒をためこむ器官（毒腺）があり、かみついて牙から毒を送りこむんだ。日本でも鹿児島県や沖縄県の島々に、コブラのなかまがすんでいる。三角形の頭のものが多いが、そうではないものもいる。また、おとなしくて、かみつかないものもいるよ。

強力な毒

コブラのなかまは、強力な毒をもっています。毒は「神経毒」とよばれるもので、筋肉と運動神経のつながりを断ち切ってしまいます。そのため、かまれた生き物は急速に体の動きがまひして、呼吸や心臓の動きが止まってしまい死んでしまいます。多くの種は、かみついたときに牙から毒を送りこみますが、なかには口から毒液を飛ばすものもいます。

▶強力な筋肉で毒腺をしぼり、毒液をスプレーのようにふきかけるモザンビークドクハキコブラ。毒液を飛ばすコブラは、世界に10種ほどいる。

モザンビークドクハキコブラ 毒
敵の目をねらって、2m以上も毒液を飛ばす危険な毒ヘビです。
■100～154㎝ ■アフリカ東部～南部 ■平地の森や水辺 ■両生類、ヘビやトカゲ、小型ほ乳類など ●一度に15個ほどの卵を巣穴に産む

■全長 ■分布 ■生息域 ■食べもの ●繁殖の方法

※ここで紹介しているヘビは、すべてコブラ科です。

◀マングースと戦うインドコブラ。マングースはヘビを食べることもあり、強力な毒をもつコブラにもおそいかかる。

頭を高くもちあげていかくする

コブラのなかまは、興奮すると頭をもちあげて立ちあがり、首の部分の皮ふを大きく広げ、口から「シャー」と音を出していかくします。それでも近づく敵には、ものすごい速さでかみつき、強力な毒を送りこむのです。

首の皮ふは、ろっ骨を広げることで広がるんだ。

背中のもようがメガネのようにみえることから、「メガネヘビ」ともよばれるよ。

インドコブラ
耳はありませんが、体につたわる振動で音を感じることができます。■120〜200cm ■インド、スリランカなど ■平地〜丘陵地の森、農地など ■両生類、ヘビやトカゲ、小型ほ乳類など ■一度に20個ほどの卵を巣穴に産む

大きさチェック
モザンビークドクハキコブラ 154cm
インドコブラ 200cm

マメ知識 笛をふいてコブラをあやつる「へび使い」の芸がありますが、実際は動かされる笛にむかっていかくをしているだけで、笛の音はコブラには聞こえません。

有鱗目（ヘビ亜目）

▲小型のヘビをつかまえて食べる、キングコブラ。

世界最大の毒ヘビ

キングコブラ 毒 絶滅危惧種

毒の量が多く、ゾウもたおすといわれます。頭をもちあげていかくし、すばやく攻撃します。■450〜585㎝ ■東南アジア〜南アジア ■丘陵地の森 ■ヘビやトカゲなど ■一度に30個ほどの卵をかれ葉を集めた巣の中に産む

口が小さくて、めったにかみつかないよ。

タタイサンゴヘビ 毒

おとなしいヘビですが、猛毒をもちます。落ち葉の中にひそんでいます。■80〜120㎝ ■ニカラグア〜コロンビア北部 ■熱帯雨林 ■ヘビやトカゲ ■一度に2個ほどの卵を落ち葉だまりなどに産む

アオサンゴヘビ 毒

夜行性ですが、朝方にも活動します。動きはとてもすばやく、近づくと危険です。■150〜180㎝ ■東南アジア ■熱帯雨林 ■両生類、ヘビやトカゲ、小型ほ乳類など ■一度に2個ほどの卵を落ち葉だまりなどに産む

▲体のうらがわの真っ赤な部分を見せる、アオサンゴヘビ。危険がせまると、赤い尾をゆらして敵の注意をそらす。

■全長 ■分布 ■生息域 ■食べもの ■繁殖の方法 ●日本にいる種

※ここで紹介しているヘビは、すべてコブラ科です。

ハイ 🇯🇵 毒 日本固有種（亜種）

日本にすむコブラのなかまです。敵につかまると、とがった尾の先をおしつけます。毒はハブより強力ですが、量は少なく、おとなしいので、かむことはほとんどありません。🟥30〜60㎝ 🟧徳之島、沖縄島など 🟩森 🟦トカゲやメクラヘビなど 🟪一度に4個ほどの卵を産む

黒く太いたてじまが5本あるよ。

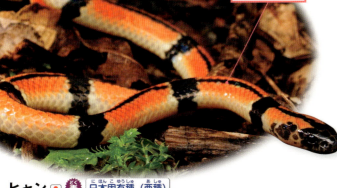

黒く細いたてじまが数本ある。

ヒャン 🇯🇵 毒 日本固有種（亜種）

強い毒をもちますがおとなしく、かむことはまれです。夜行性です。🟥30〜60㎝ 🟧奄美大島、加計呂麻島など 🟩森 🟦トカゲやメクラヘビなど 🟪一度に4個ほどの卵を産む

大きさチェック

キングコブラ 585㎝　ヒャン 60㎝　タタイサンゴヘビ 120㎝

アマガサヘビ 毒

キングコブラより強い毒をもち、東アジアでもっともおそれられています。夜になると活発に動きます。🟥150〜180㎝ 🟧中国南部、台湾、インドシナ半島北部 🟩平地の水辺 🟦両生類、ヘビやトカゲ、小型ほ乳類など 🟪一度に10個ほどの卵を産む

マメ知識　「ハイ」と「ヒャン」は、どちらも沖縄の方言で「日照り」の意味で、ハイやヒャンを見かけると日照りになる、という言い伝えから名づけられました。

有鱗目（ヘビ亜目）

ブラックマンバ 毒
毒の量がとても多いことで知られるヘビです。攻撃的で動きがすばやいので、ひじょうに危険です。口を大きく開け、首の皮ふを広げていかくします。■250～425㎝ ■アフリカ東部～南部および西部の一部 ■草原、森など ■鳥、小型ほ乳類など ■一度に15個ほどの卵をシロアリの塚の中などに産む

タイパン 毒
攻撃的で危険なヘビです。狩りのときはえものに何度もかみついて毒を注入します。体をしびれさせる神経毒のほか、血が止まらなくなる出血毒ももっています。■200～300㎝ ■オーストラリア北部～東部、ニューギニア島南部 ■海沿いの森、荒れ地、農地など ■小型ほ乳類、鳥 ■一度に15個ほどの卵をたおれた木の下などに産む

ピエロヘビ 毒
おとなしくて口が小さいため、人間がかまれることはまれです。シロアリの塚の中やたおれた木の下などにひそんでいます。■70～80㎝ ■南アフリカ共和国 ■平地の荒れ地 ■トカゲやヘビなど ■一度に8個ほどの卵を産む

ヒガシグリーンマンバ 毒
木の上で生活します。ブラックマンバよりおとなしいですが、猛毒をもちます。■200～274㎝ ■アフリカ東部～南東部 ■水辺周辺の森 ■ヘビやトカゲ、鳥、小型ほ乳類など ■一度に10個ほどの卵を木の穴などに産む

大きさチェック
ブラックマンバ 425㎝
タイパン 300㎝　ピエロヘビ 80㎝

■全長　■分布　■生息域　■食べもの　■繁殖の方法

◀かれ葉にかくれ、尾だけを出してゆらし、えものをおびき寄せる。

※ここで紹介しているヘビは、すべてコブラ科です。

体が太いのが特ちょうだ！

デスアダー
体形や生態は、クサリヘビのなかまに似ています。猛毒をもち、「死の毒ヘビ」とよばれます。■70〜100㎝ ■オーストラリア東部〜南部 ■平地の森や荒れ地 ■小型ほ乳類、鳥 ■一度に15匹ほどの子どもを産む

体をもちあげて、いかくをしているところだよ。

バンディバンディ
地中にひそみ、雨が降ったあとのむし暑い夜などに地上にあらわれます。毒は弱く、おとなしい性質です。■60〜100㎝ ■オーストラリア東部 ■平地の森や荒れ地、砂漠など ■メクラヘビなど ■一度に8個ほどの卵を地中に産む

有鱗目（ヘビ亜目）

海の中でえものをねらう

ウミヘビのなかまには、完全に海の中だけで生活するものと、海岸の岩のすき間などで休み、えものをさがすときだけ海にもぐるものがいます。尾は魚のひれのようにたてに平たくなっていて、海の中で体をくねらせて泳ぐことができます。また、多くの種はひじょうに強い毒をもち、えものを弱らせてから食べます。水の中で呼吸をすることはできないので、ときどき水面に顔を出して息をすいます。

◀息つぎをするために水面にむかう、アオマダラウミヘビ。

▼海中でウツボをおそう、アオマダラウミヘビ。

アオマダラウミヘビ 🇯🇵

おだやかな海にもぐり、細長い魚を好んで食べます。夜行性で、昼間は海岸の岩のすき間で休みます。■80〜150㎝ ●南西諸島／インド洋東部、太平洋西部 ●サンゴ礁の海と周辺の岩場 ●アナゴやウツボなど ●一度に5個ほどの卵を陸上の岩のすき間などに産む

※ここで紹介しているヘビは、すべてコブラ科です。

セグロウミヘビ
陸からはなれた海でくらします。陸に打ちあげられると、上手に動けずに死んでしまいます。■60〜120㎝ ■日本近海／インド洋〜太平洋 ■外洋の海面近く ■魚など ■一度に4匹ほどの子どもを水中で産む

エラブウミヘビ 絶滅危惧種
おもに夜に活動し、昼間は浅瀬の岩場で休みます。■70〜150㎝ ■南西諸島／台湾、オーストラリア北部 ■サンゴ礁の海と周辺の岩場 ■ウミヘビやアナゴなど ■一度に5個ほどの卵を陸上の岩のすき間などに産む

サンゴなどについた魚の卵をはぎ取って食べるので、口のまわりのうろこは厚くてかたいんだ。

イイジマウミヘビ 絶滅危惧種
完全に海の中で生活し、陸には上がりません。魚の卵しか食べません。■50〜90㎝ ■南西諸島／中国、台湾 ■サンゴ礁の海 ■魚の卵 ■一度に4匹ほどの子どもを水中で産む

大きさチェック

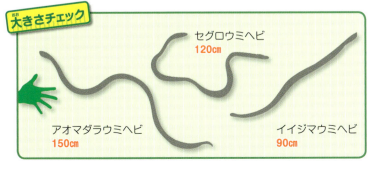

セグロウミヘビ 120㎝
アオマダラウミヘビ 150㎝
イイジマウミヘビ 90㎝

■全長 ■分布 ■生息域 ■食べもの ■繁殖の方法 ●日本にいる種

ナミヘビのなかま

有鱗目（ヘビ亜目）

ヒデ博士の「ここに注目！」 世界に2000種ほどもいる、ヘビのなかまで最大のグループ！ よく知られているシマヘビやアオダイショウのほか、木から木へ滑空するトビヘビや、鳥の卵だけを食べるタマゴヘビなど種類もさまざま。多くの種が毒のないヘビだけど、ヤマカガシのように奥歯に毒をもつものもいるよ。

えものに勢いよくかみつく！

ナミヘビのなかまの多くは、毒をもっていません。そのため、えものをとらえるときは、体に巻きついてしめつけ、弱らせてから、ゆっくりと飲みこんでいきます。ヘビの動きは瞬間的で、相手との距離をはかりながらじわじわと近づき、チャンスがきたら大きく口を開けて、目にも留まらぬ勢いでかみつきます。

▲おそいかかるアオダイショウ。ふだんはおとなしいが、怒らせると飛びかかってくる。

アオダイショウ 🇯🇵 日本固有種

青くて大きいので「青大将」という名前がついています。人家周辺ではおもにネズミを食べますが、木登りが得意で、鳥の卵やひなも食べます。■110〜200㎝ ■北海道〜九州 ■農地や森など ■鳥、小型ほ乳類など ■一度に10個ほどの卵を産む

オスどうしの戦い

一部のヘビは繁殖期になると、なわばりやメスをめぐって、オスどうしで争います。ただし、かみついて相手を傷つけるのではなく、おたがいにからみあって、力くらべをして決着をつけます。このようすは「コンバット・ダンス（戦いのおどり）」とよばれます。勝者は、メスと交尾して、自分の子孫を残します。

▲アオダイショウのコンバット・ダンス。

◀幼体。体にはまだらもようがあり、マムシに擬態して身を守っていると考えられる。

■全長 ■分布 ■生息域 ■食べもの ■繁殖の方法 🇯🇵日本にいる種

※ここで紹介しているヘビは、すべてナミヘビ科です。

目が赤いのが特ちょうだよ。

上半身をもちあげて、いかくする。

アカマタ 日本固有種
気があらく、すぐにかみつきます。毒ヘビのハブも食べてしまいます。■100〜200㎝ ■奄美諸島、沖縄諸島 ■平地〜丘陵地 ■ヘビやトカゲ、鳥、小型ほ乳類など ■一度に10個ほどの卵を産む

シマヘビ 日本固有種
動きがすばやく、泳ぎも得意です。体に4本のたてじまもようがあります。カエルを好んで食べますが、ヘビも食べます。■100〜200㎝ ■北海道〜九州 ■水辺など ■両生類、鳥、小型ほ乳類など ■一度に10個ほどの卵を産む

▲幼体。全体に赤みが強く、ところどころ、濃い赤色のもようがある。

シロマダラ 日本固有種
おもにトカゲやヘビなどを食べます。■40〜70㎝ ■北海道〜九州 ■森 ■ヘビやトカゲ ■一度に5個ほどの卵を産む

地面をはうだけじゃない！ ヘビの行動

ヘビの行動は地面をはいまわるだけではありません。細い体を利用してせまいところにもぐりこんだり、長い体でたくみに枝につかまり木に登ったりするヘビもいます。また、川や沼に入って泳いだり、土をほって中にもぐりこんだりするものもいます。

▶アオダイショウは、木に登るのが得意。

▶シマヘビは、カエルなどをねらって、水に入って泳ぐ。

▼幼体。おとなにくらべて赤みが強い。

ジムグリ 日本固有種
ネズミの巣穴に入りこんでネズミの子どもを食べます。よく地中にもぐることから、名前は「地もぐり」に由来します。■70〜100㎝ ■北海道〜九州 ■平地〜丘陵地 ■小型ほ乳類 ■一度に5個ほどの卵を産む

大きさチェック

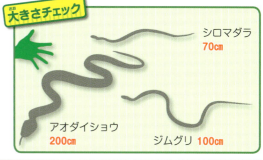

シロマダラ 70㎝
アオダイショウ 200㎝
ジムグリ 100㎝

マメ知識 シマヘビには、ときどき真っ黒な体色のものが生まれることがあり、「カラスヘビ」とよばれます。

有鱗目（ヘビ亜目）

リュウキュウアオヘビ 🇯🇵 日本固有種
おもにミミズを食べます。■70～90㎝ ■奄美諸島、沖縄諸島、トカラ列島 ■平地～丘陵地 ■ミミズなど ■一度に10個ほどの卵を産む

▶首をもちあげて、いまにもかみつきそうな姿勢でいかくする。

ヒバカリ 🇯🇵
かつては毒ヘビだと思われていて、「かまれると命はその日ばかり」というのが名前の由来ですが、実際には毒はありません。水辺を好んですみます。■40～60㎝ ■本州～四国、九州／朝鮮半島など ■平地～丘陵地の森や畑など ■魚、カエル、ミミズなど ■一度に5個ほどの卵を産む

首に黄色いもようがあるよ。

ヤエヤマヒバァ 🇯🇵 日本固有種
卵ではなく、子どもを産みます。水辺でカエルやオタマジャクシをつかまえて食べます。■80～100㎝ ■石垣島、西表島 ■平地～丘陵地の水辺 ■カエルなど ■一度に5匹ほどの子どもを産む

ヤマカガシ 🇯🇵 ☠
奥歯にマムシやハブより強力な毒があり、深くかまれると危険です。刺激をうけると首の皮ふから毒を出すこともあります。■70～150㎝ ■本州～四国、九州／東アジア ■平地～丘陵地の水辺 ■カエルなど ■一度に20個ほどの卵を産む

▲首を広げていかくする。首から毒液を飛ばすこともある。

▲西日本にすむヤマカガシには、赤や黒のもようがないものも多い。

大きさチェック

ヤマカガシ 150㎝
リュウキュウアオヘビ 90㎝
ナメクジクイ 40㎝
マングローブヘビ 260㎝

■全長 ■分布 ■生息域 ■食べもの ■繁殖の方法 ●日本にいる種

※ここで紹介しているヘビは、すべてナミヘビ科です。

ミルクヘビ
毒をもつサンゴヘビのなかまによく似ているけど、毒はないよ。

おとなしいヘビで、めったにかむことはありません。乾燥した環境にすんでいます。■100〜130㎝ ■メキシコ ■砂漠、荒れ地など ■ヘビやトカゲ、鳥、小型ほ乳類など ■一度に10個ほどの卵を産む

オンセンヘビ 絶滅危惧種
標高4900mと、世界でもっとも高いところにすむは虫類です。寒さをしのぐことができる、温泉の周辺にだけすんでいます。■60〜90㎝ ■チベット自治区 ■高地 ■魚、両生類など ■一度に5個ほどの卵を産むとされる

ナメクジクイ
動きがおそく、ナメクジを食べるおとなしいヘビです。いつもは落ち葉だまりの中にかくれています。■30〜40㎝ ■南アフリカ共和国東部〜モザンビーク北東部 ■平地の草原や森など ■ナメクジやカタツムリなど ■一度に10匹ほどの子どもを産む

マングローブヘビ
マングローブに生息し、木の上でくらします。夜になると木の上でねている鳥をおそって食べます。■200〜260㎝ ■東南アジア ■マングローブ、平地の森 ■両生類、ヘビやトカゲ、小型ほ乳類など ■一度に10個ほどの卵を産む

ガーターヘビ 毒
集団で越冬します。春に目覚めるとすぐに求愛をするため、オスは先に目覚めて、メスが出てくるのを待ちます。奥歯に弱い毒をもちます。■70〜137㎝ ■北アメリカ ■草原や森の中の水辺 ■魚、両生類など ■一度に20匹ほどの子どもを産む

◀集団で越冬をするガーターヘビ。

ブームスラング 毒
強力な毒をもつ危険なヘビです。木の上でくらし、カメレオンなどのトカゲをおもに食べます。昼間に活動します。■140〜200㎝ ■アフリカ ■森 ■ヘビやトカゲ、両生類、鳥など ■一度に15個ほどの卵を木の穴などに産む

有鱗目（ヘビ亜目）

※このページで紹介しているヘビは、すべてナミヘビ科です。

▶滑空するパラダイストビヘビ。

▼オス

テングキノボリヘビ
口先には角のような突起があり、オスとメスでは形がことなります。■70〜90cm ■マダガスカル島 ■森 ■両生類、ヘビやトカゲなど ■一度に5個ほどの卵を産む

▲メス。口先の突起は、オスが細くてメスは太い。

パラダイストビヘビ
ろっ骨を広げて体を平たくし、木の上から滑空して100mはなれた場所まで移動できます。奥歯に弱い毒をもちます。■100〜120cm ■東南アジア ■熱帯雨林 ■両生類、ヘビやトカゲ、コウモリなどの小型ほ乳類 ■一度に5個ほどの卵を産む

アフリカタマゴヘビ
歯がなく、鳥の卵だけを食べます。危険がせまると、首のうろこをこすりあわせて音を出していかくします。■80〜100cm ■アフリカ、アラビア半島南部 ■草原、森 ■鳥の卵 ■一度に10個ほどの卵を産む

ヒゲミズヘビ
口先に、ひげのような突起が2本あります。完全に水の中で生活をしていて、陸に上がることはありません。奥歯に弱い毒をもちます。■60〜100cm ■インドシナ半島 ■流れのゆるやかな川、池や沼 ■魚、エビやカニなど ■一度に10匹ほどの子どもを産む

▲口を大きく開けて、からごと卵を飲みこむ。飲みこんだあとは、のどの内がわにある突起でからをくだき、からだけをはきだす。

大きさチェック

パラダイストビヘビ 120cm

アフリカタマゴヘビ 100cm

ニホンマムシ 70cm

■全長 ■分布 ■生息域 ■食べもの ■繁殖の方法 ■日本にいる種

クサリヘビのなかま

ヒデ博士の「ここに注目!」 頭は三角形で、大きな毒の牙がある! 毒の牙を引っこめて、口の中にしまうことができるんだ。体にあるくさりのようなもようで周囲にまぎれて、えものを待ちぶせする。毒はおもに、かまれたところの血が止まらなくなる出血毒で、えものの体内を溶かしてしまうよ。

温度を感じる「ピット器官」

クサリヘビのなかまのうち、マムシやハブ、ガラガラヘビなどは、「ピット器官」という左右1対の感覚器をもっています。このなかまの顔をよく見ると、目と鼻の間に、もうひとつ穴があいています。これがピット器官です。ピット器官は、人間の目には見えない「赤外線」を感じとることができ、暗闇の中でもえものの体温を感じることができます。0.003℃の温度差さえも感じとれます。

ピット器官

◀じっと動かずに、えものを待ちぶせるニホンマムシ。

ニホンマムシ [クサリヘビ科] 日本固有種
強い毒をもちます。マムシは、目と鼻の間にあるピット器官で、えものを見つけます。湿った環境を好みます。■45〜70㎝ ●北海道〜九州 ●森 ●両生類、ヘビやトカゲ、鳥、小型ほ乳類など ●一度に5匹ほどの子どもを産む

ツシマママムシ [クサリヘビ科] 日本固有種
ニホンマムシに似ていますが、舌はピンク色で、体のもようが小さい、などのちがいがあります。性格は攻撃的です。■40〜60㎝ ●長崎県対馬 ●森 ●両生類、ヘビやトカゲ、鳥、小型ほ乳類など ●一度に5匹ほどの子どもを産む

マメ知識 ニホンマムシはおくびょうで、自分から人間をおそうことはほとんどありませんが、気づかずに近づきすぎてしまうと、かまれる危険があります。

有鱗目（ヘビ亜目）

▲久米島のハブ。

▲奄美大島のハブ。

▲沖縄島のハブ。体が銀色のもの。

日本最大の毒ヘビ

▲沖縄島のハブ。さまざまな体色のものがいる。

ハブ 🇯🇵 毒 日本固有種
毒の量はニホンマムシより多く、危険なヘビです。夜行性で、木登りも得意です。すんでいる島や、個体ごとに、外見がすこしずつちがいます。■120〜242㎝ ■奄美諸島、沖縄諸島 ■農地、森など ■両生類、ヘビやトカゲ、鳥、小型ほ乳類など ■一度に10個ほどの卵を産む

ヒメハブ 🇯🇵 毒 日本固有種
動きはにぶく、湿った環境でじっとしています。■45〜80㎝ ■奄美諸島、沖縄諸島 ■森の水辺など ■両生類、ヘビやトカゲ、鳥、小型ほ乳類など ■一度に10個ほどの卵を産む

トカラハブ 🇯🇵 毒 日本固有種
毒はあまり強くありません。■100〜142㎝ ■トカラ列島の宝島、小宝島 ■農地、森など ■両生類、ヘビやトカゲ、鳥、小型ほ乳類など ■一度に5個ほどの卵を産む

サキシマハブ 🇯🇵 毒 日本固有種
ハブに似ていますがハブより小さく、背中のもようがちがいます。■60〜124㎝ ■八重山列島 ■農地、森など ■両生類、ヘビやトカゲ、鳥、小型ほ乳類など ■一度に10個ほどの卵を産む

ヘビの毒の種類
毒ヘビがもっている毒には、おもに「神経毒」と「出血毒」の2種類があります。神経毒は、体のいろいろな機能をまひさせる毒で、体の中に入ると体がしびれて動かせなくなるだけでなく、呼吸や心臓の動きまで止まってしまうこともあります。出血毒は血液がかたまるのをさまたげ、傷からの出血が止まらなくなるとともに、内臓を溶かして破壊してしまいます。どちらも死にいたる可能性のある、危険な毒です。

▲ハブの毒の牙。毒液がしたたっている。

■全長 ■分布 ■生息域 ■食べもの ■繁殖の方法 🇯🇵日本にいる種

有鱗目(ヘビ亜目)

ガボンアダー
もっとも大きな毒の牙をもつヘビです。かみつく力が強く、えものが死ぬまではなしません。■160〜205㎝ ■アフリカ西部〜南東部 ■熱帯雨林 ■両生類、ヘビやトカゲ、鳥、小型ほ乳類など ■一度に30匹ほどの子どもを産む

パフアダー
毒の量が多く、かまれると体がしびれ、血が止まらなくなる危険なヘビです。ふだんは落ち葉のふりをしてかくれています。■100〜190㎝ ■アフリカ、アラビア半島南部 ■草原、森 ■両生類、ヘビやトカゲ、鳥、小型ほ乳類など ■一度に30匹ほどの子どもを産む

背中にV字形のもようがあるよ。

ライノセラスアダー
口先にサイの角のような突起があります。■90〜120㎝ ■アフリカ西部〜中部 ■熱帯雨林 ■両生類、ヘビやトカゲ、鳥、小型ほ乳類など ■一度に20匹ほどの子どもを産む

アフリカンブッシュバイパー
体のうろこがとげのようになっていて、ほかのヘビなどから身を守っています。■58〜73㎝ ■アフリカ中部 ■熱帯雨林 ■両生類、ヘビやトカゲ、鳥、小型ほ乳類など ■一度に10匹ほどの子どもを産む

ガラガラヘビのなかまは、尾の先にある音を出す器官をゆらして、「ガラガラ」と音を出すんだ!

ニシダイヤガラガラヘビ
尾の発音器を使って音を出していかくします。■180〜213㎝ ■アメリカ合衆国南西部〜メキシコ北部 ■平地〜丘陵地の荒れ地や森 ■ヘビやトカゲ、鳥、小型ほ乳類など ■一度に20匹ほどの子どもを産む

ガラガラヘビが音を出すしくみ
ガラガラヘビのなかまは、脱皮のときに、尾の先にうろこの一部が残ります。脱皮をくりかえすたびに、尾の先にはかたくなったうろこでできた節が積み重なっていき、尾をゆらしたときにそれぞれのうろこがぶつかりあって音が出るのです。音を立てるのは、敵に「近づくな、毒ヘビだぞ」と警告をするためだと考えられています。

▲ニシダイヤガラガラヘビの尾の先の発音器。

■全長 ■分布 ■生息域 ■食べもの ■繁殖の方法

※ここで紹介しているヘビは、すべてクサリヘビ科です。

横にはって移動する

サイドワインダーなど、砂漠にすむヘビの一部は、ほかのヘビとはことなり、横にはうようにして移動します。体をS字形にくねらせて、上半身を進行方向に投げだした直後に体をひねり、飛びはねるようにして下半身を引きつけます。地面に体がついている時間がとても短く、すべりやすい砂漠での移動に適していると考えられています。

サイドワインダー（ヨコバイガラガラヘビ）（毒）
体をななめ方向に動かして移動します。夜になりすずしくなると活動します。■60～80㎝ ■アメリカ合衆国南西部～メキシコ北部 ■砂漠 ■ヘビやトカゲ、小型ほ乳類など ■一度に10匹ほどの子どもを産む

▲砂漠に残されたサイドワインダーの移動のあと。平行線を引いたようなあとが残る。

ヒャッポダ（毒）
「かまれると百歩歩くまでに死ぬ」といわれるほど毒が強いことから、「百歩蛇」という名前がついています。動きも俊敏で危険なヘビです。■100～154㎝ ■台湾、中国南部、ベトナム北部 ■高地の森 ■両生類、ヘビやトカゲ、鳥、小型ほ乳類など ■一度に20個ほどの卵を産む

サハラツノクサリヘビ
砂の中にもぐり、近くを通るえものをおそいます。危険がせまると体のうろこをこすりあわせて音を出していかくします。■60～85㎝ ■アフリカ北部～アラビア半島 ■荒れ地、砂漠 ■ヘビやトカゲ、小型ほ乳類など ■一度に10個ほどの卵を産む

▼メス

▶オスは、灰色の体をしている。

ヨーロッパクサリヘビ
北極圏など寒い地域にまで分布していますが、冬は冬眠します。日光浴を好みます。■65～80㎝ ■ユーラシア大陸北部 ■平地～高地の草原や森 ■両生類、ヘビやトカゲ、小型ほ乳類など ■一度に10匹ほどの子どもを産む

アゼミオプス（毒）
原始的なクサリヘビのなかまで、毒の牙と毒腺は小さいです。■70～98㎝ ■中国東部～ミャンマー、ベトナム北部 ■丘陵地の森など ■ヘビやトカゲ、小型ほ乳類など ■一度に5個ほどの卵を産む

大きさチェック

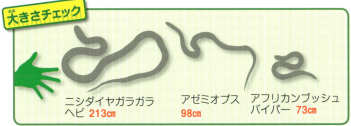

ニシダイヤガラガラヘビ 213㎝　アゼミオプス 98㎝　アフリカンブッシュバイパー 73㎝

マメ知識　クサリヘビには頭の形が三角形のものが多いため、「頭が三角形のヘビは毒ヘビ」といわれることがありますが、例外も多くあります。

有鱗目（ヘビ亜目）

ボアのなかま

ヒデ博士の「ここに注目！」 全身の筋肉でえものをしめつける、巨大なヘビ！ ボアのなかまは、長いだけでなく、太くて力強い体をしているよ。また、卵ではなく子どもを産むんだ。世界に40種ほどがいて、地上や木の上で生活するもののほか、土の中で生活するものもいるよ。

アナコンダ［ボア科］ 世界一重いヘビ
体重は100kgをこえることがあります。水中での活動を好みます。ワニやジャガーを食べることもあります。■600〜900cm ■南アメリカ北部 ■熱帯雨林 ■魚、両生類、ヘビやトカゲ、鳥、ほ乳類など ■一度に40匹ほどの子どもを産む

円形やだ円形の黒いもようがあるのが特ちょうだ！

▲水中にひそんで待ちぶせする、アナコンダ。

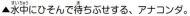
■全長 ■分布 ■生息域 ■食べもの ■繁殖の方法

▼ワニに巻きつき、頭から飲みこむアナコンダ。しめつけられたワニは、総排出口が外に開いてしまっている。

待ちぶせてしめ殺す

ボアのなかまは、毒をもちません。そのかわりに、太くて力強い体でえものに巻きつき、しめ殺してから丸のみします。ボアのなかまのアナコンダは、体重100kgをこえることもある世界一重いヘビで、大きすぎて陸上だと動きがにぶくなってしまうため、おもに水中でえものを待ちぶせします。気づかずに近くを通りかかったえものにおそいかかり、いっきに巻きつきます。

マメ知識 ボアなど、えものをしめつけるヘビは、えものが息をはくごとに体をしめつけて、じょじょに呼吸をできなくさせます。

有鱗目（ヘビ亜目）

エメラルドツリーボア
木の上でくらし、昼間は木の枝に巻きついてじっとしています。■180〜220㎝ ■南アメリカ北部 ■熱帯雨林 ■小型ほ乳類など ■一度に10匹ほどの子どもを産む

ボアコンストリクター
大きなえものもしめ殺します。湿った環境を好み、小さなころは木によく登ります。■300〜430㎝ ■メキシコ南部〜アルゼンチン北部 ■熱帯雨林など ■両生類、ヘビやトカゲ、鳥、ほ乳類など ■一度に25匹ほどの子どもを産む

ハイチボア
カリブ海の島々にすんでいます。眠っている海鳥にしのびより、おそって食べます。体には光沢があります。■220〜260㎝ ■カリブ海のバハマ諸島 ■熱帯雨林など ■鳥、ほ乳類など ■一度に20匹ほどの子どもを産む

ニジボア
うろこには、光を反射して虹色に光る、金属のような光沢があります。体のもようは、地域によってことなります。■150〜200㎝ ■コスタリカ〜南アメリカ ■熱帯雨林 ■鳥、小型ほ乳類など ■一度に10匹ほどの子どもを産む

ナイルスナボア
砂の中にもぐり、目と鼻だけを出して、えものを待ちぶせします。■60〜90㎝ ■アフリカ北東部〜アラビア半島南西部 ■ヘビやトカゲ、小型ほ乳類など ■砂地 ■一度に10匹ほどの子どもを産む

■全長　■分布　■生息域　■食べもの　■繁殖の方法

※ここで紹介しているヘビは、すべてボア科です。

サンジニアボア
木の上や岩のすき間にひそみ、夜になるとえものをさがしに動きだします。■150〜200㎝ ■マダガスカル島 ■森など ■鳥、小型ほ乳類など ■一度に10匹ほどの子どもを産む

こっちが頭だよ！

アマゾンツリーボア
平地の森にすみ、木登りが得意です。さまざまな体色のものがいます。■150〜200㎝ ■南アメリカ北部 ■熱帯雨林 ■鳥、小型ほ乳類など ■一度に5匹ほどの子どもを産む

ラバーボア
体は、ゴムのような弾力があります。夜行性で、おもにネズミを食べます。■60〜83㎝ ■アメリカ合衆国西部 ■荒れ地、森など ■ヘビやトカゲ、鳥、小型ほ乳類など ■一度に5匹ほどの子どもを産む

カラバリア
危険がせまると丸まり、太く短い尾をゆらしておとりにします。地中にすみ、ネズミの巣穴をおそいます。■80〜100㎝ ■アフリカ西部〜中部 ■熱帯雨林など ■小型ほ乳類など ■一度に2個ほどの卵を産む

こっちが頭だよ！

大きさチェック
アナコンダ 900㎝　ラバーボア 83㎝　ボアコンストリクター 430㎝

マメ知識 ボアやニシキヘビのなかまにも、ピット器官（→95ページ）があります。口の上と下、人間でいうくちびるにあたる部分に複数あります。

ニシキヘビのなかま

ヒデ博士の「ここに注目！」 家畜や人間を食べることもある、おそろしい大蛇！ニシキヘビのなかまは、世界一長いアミメニシキヘビなど、大きな体をもつヘビだ。ボアのなかまに似ているけど、卵を産み、ふ化するまでなにも食べないで卵をだいて、体をふるわせて出た熱で卵をあたためるんだ。東南アジアからオーストラリア、アフリカにすんでいるよ。

有鱗目（ヘビ亜目）

▲ネズミのなかまを頭から飲みこむアミメニシキヘビ。

ミドリニシキヘビ（グリーンパイソン）
昼間は木の枝に巻きついて休み、夜になると活動します。おもにネズミなどの小動物を食べます。■150〜200㎝ ■オーストラリア北部、ニューギニア島 ■熱帯雨林 ■ヘビやトカゲ、小型ほ乳類など ■一度に15個ほどの卵を産む

▲卵を守るミドリニシキヘビ。

アミメニシキヘビ
夜行性で、しげみの中にひそみます。サルやイノシシも食べます。体に網目のようなもようがあるのが特ちょうです。■650〜1000㎝ ■東南アジア ■熱帯雨林 ■ヘビやトカゲ、鳥、ほ乳類など ■一度に50個ほどの卵を産む

世界一長いヘビ

■全長　■分布　■生息域　■食べもの　■繁殖の方法

※ここで紹介しているヘビは、すべてニシキヘビ科です。

▲体を丸めて身を守る。

◀幼体

ボールパイソン
危険を感じると、ボールのように体を丸めて頭をかくします。雨が降らない暑い時期は、ネズミの巣穴などに入り、夏眠します。■120〜180㎝ ■アフリカ西部〜中部 ■草原、林 ■小型ほ乳類など ■一度に5個ほどの卵を産む

ワモンニシキヘビ
小さいころは体に輪のもようがあります。■150〜180㎝ ■パプアニューギニアのビスマーク諸島 ■草原、熱帯雨林など ■ヘビやトカゲ、鳥、小型ほ乳類など ■一度に10個ほどの卵を産む

アフリカニシキヘビ
水辺を好み、水を飲みにきた動物をしとめます。インパラなどの大型の動物もおそいます。攻撃的で、すぐかみつきます。■600〜700㎝ ■アフリカ西部〜南部 ■熱帯雨林 ■ヘビやトカゲ、鳥、ほ乳類など ■一度に50個ほどの卵を産む

大きさチェック
- ボールパイソン 180㎝
- アミメニシキヘビ 1000㎝
- アフリカニシキヘビ 700㎝

マメ知識 ニシキヘビとボアは見た目や生態がよく似ていますが、ボアは子どもを産み、ニシキヘビは卵を産むなどのちがいがあります。

有鱗目（ヘビ亜目）

パイプヘビのなかま

ヒデ博士の「ここに注目！」 おもに土の中にすむ、原始的なヘビ！ パイプヘビのなかまは、頭が小さく、尾と見分けがつきにくいのが特ちょうだ。ほかのヘビのように口を大きく開けることはできないよ。

サンゴパイプヘビ［パイプヘビ科］
あざやかな赤と黒の体は、コブラのなかまで猛毒をもつ、サンゴヘビのなかま（→84ページ）に擬態をして身を守っていると考えられています。🟥70〜90㎝ 🟧南アメリカ北部 🟩熱帯雨林 🟦ヘビやトカゲなど 🟪一度に10匹ほどの子どもを産む

尾の先

頭とそっくりな尾でまどわす
パイプヘビのなかまは、尾と頭がそっくりで、よく見ないと見分けがつきません。敵に出会うと、頭のように見える尾を高くもちあげ、本当の頭は体の下にかくして、だいじな頭を守ります。

こっちが頭だよ！

アカオパイプヘビ［パイプヘビ科］
湿った地中にひそみ、ヘビなどを食べます。🟥70〜80㎝ 🟧東南アジア 🟩熱帯雨林 🟦ヘビやトカゲなど 🟪一度に10匹ほどの子どもを産む

サンビームヘビのなかま

ヒデ博士の「ここに注目！」 日にあたると、きらきらと反射するうろこ！ サンビームヘビのなかまは、土の中にもぐるのが得意なヘビ。世界に2種しかいないんだ。

うろこには金属のような光沢があり、光があたると虹色にきらめくよ！

サンビームヘビ［サンビームヘビ科］
夜行性で、昼間は地中にひそみます。🟥100〜120㎝ 🟧東南アジア 🟩平地〜丘陵地の森など 🟦両生類、ヘビやトカゲ、小型ほ乳類など 🟪一度に10個ほどの卵を産む

ヤスリミズヘビのなかま

ヒデ博士の「ここに注目！」 やすりのようにざらざらしたうろこをもつ、水の中にすむヘビ！ 目と鼻が上向きについているため、水面から鼻だけを出して呼吸したり、目を出して周囲を見たりできるんだ。水が入らないように、鼻の穴を閉じることもできる。世界に3種しかいないんだ。

◀ヤスリミズヘビの顔。目と鼻は、顔の上のほうにある。

ヤスリミズヘビ［ヤスリミズヘビ科］
魚にかみつくと、体を巻きつけてつかまえます。🟥150〜200㎝ 🟧東南アジア 🟩流れのゆるやかな川、湖や沼 🟦魚など 🟪一度に30匹ほどの子どもを産む

🟥全長 🟧分布 🟩生息域 🟦食べもの 🟪繁殖の方法 🇯🇵日本にいる種

ドワーフボア、モールバイパーのなかま

ヒデ博士の「ここに注目！」 ドワーフボアのなかまは、小型のボアによく似た外見のヘビだ。メキシコ南部から南アメリカ北部に20種ほどがいる。モールバイパーのなかまは、上あごに長い牙があり、毒をもっている。口を閉じたまま牙だけを動かして、えものに毒を送りこむことができるんだ。世界に60種ほどがいるよ。

チュウベイドワーフボア
[ドワーフボア科]
危険を感じると、体を丸めます。■50～76㎝ ■中央アメリカ ■平地～高地の森 ■両生類、ヘビやトカゲ、小型ほ乳類など ■一度に5匹ほどの子どもを産む

▶ハネペンモールバイパーの顔。口先がとがっていて、「羽ペン」のように見える。

ハネペンモールバイパー
[モールバイパー科]
土の中にすみ、奥歯に強い毒をもっています。■50～72㎝ ■アフリカ中部～南部 ■平地の地中 ■ヘビやトカゲなど ■一度に4個ほどの卵を産む

メクラヘビ、ホソメクラヘビのなかま

ヒデ博士の「ここに注目！」 土の中で生活する、ミミズそっくりなヘビ！ ミミズと見間違えてしまいそうだけど、よく見ると小さな目があり、口から舌をちょろちょろと出すので、見分けられるよ。

クロホソメクラヘビ [ホソメクラヘビ科]
地中にすみ、めったに地上には出てきません。■18～20㎝ ■中央アメリカ ■湿った土の中 ■アリやシロアリなど ■一度に1個の卵を産む

▶ブラーミニメクラヘビの顔。うろこの下に、小さな目がある。

こっちが頭だよ！

ブラーミニメクラヘビ [メクラヘビ科] 日本最小のヘビ
メスだけでふえ、オスはいません。■16～22㎝ ■沖縄諸島など／世界中の熱帯～亜熱帯 ■平地の落ち葉だまりや地中など ■アリやシロアリなど ■一度に4個ほどの卵を産む

大きさチェック

サンゴパイプヘビ	ヤスリミズヘビ	ブラーミニメクラヘビ
90㎝	200㎝	22㎝

ムカシトカゲのなかま

ヒデ博士の「ここに注目！」 2億年前から姿が変わらない、「生きた化石」！ ムカシトカゲのなかまは、トカゲに似ているけど、もっと原始的なは虫類で、現在ではニュージーランドに2種が残っているだけだ。ほかのは虫類にくらべて体温が低く、すずしいところでも活動できる。そのかわり暑さに弱く、気温が28℃以上のところでは生きられないんだ。成長がとてもゆっくりで、寿命も長く、100年以上も生きるよ。

ムカシトカゲ目

ムカシトカゲの体のしくみ

うろこ　たてがみのようなうろこ！
首の後ろから尾にかけて、たてがみのようなうろこがある。オスはとくに大きくなる。

頭頂眼　第3の目で明るさを知る！
皮ふの下にあるため外からは見えないが、頭のてっぺんに、目とよく似たつくりの器官がある。はっきりとものを見ることはできないが、明るさを感じることができる。

目　夜でもよく見える！
ムカシトカゲは夜行性で、夜でもよく見える目をもっている。

あし　指は前後とも5本！
5本の指にはそれぞれするどいつめがあり、けわしい岩場などを登ることができる。

尾　切っても生えかわる！
トカゲと同じように、自分で尾を切ることができ、切れた尾はまた生えてくる。

ムカシトカゲ [ムカシトカゲ科]
ニュージーランドの本土では生息地の破壊や、人間に連れてこられたイヌやネコ、ネズミに卵が食べられたことなどによって絶滅し、現在では小さな島々に6万頭ほどが生き残っています。■65〜71㎝ ■ニュージーランド北部の島々 ■平地の岩場や森など ■昆虫、鳥の卵やひななど ■数年に一度、地中に10個ほどの卵を産む

ムカシトカゲのくらし

海鳥の巣にすむ！
海鳥がほった巣穴に入りこみ、そのまますみついてしまうことが多い。仲良く共存しているわけではなく、巣の中の海鳥の卵やひなを食べてしまうこともある、海鳥にとっては迷惑な同居人だ。

絶滅危惧種
ギュンタームカシトカゲ [ムカシトカゲ科]
ムカシトカゲより小型で、体に黄色いもようがあります。野生では400匹ほどしかいません。■45〜61㎝ ■ニュージーランド北部のノースブラザー島 ■岩場など ■昆虫、鳥の卵やひななど ■数年に一度、地中に5個ほどの卵を産む

大きさチェック　ムカシトカゲ 71㎝

両生類って、なに？

両生類は、背骨のある動物（脊椎動物）の1グループで、カエル、サンショウウオやイモリ、アシナシイモリなどをふくみます。両生類の特ちょうを見てみましょう。

両生類のなかま分け

両生類は、それぞれ特ちょうのことなる、3つのグループ（目）に分けることができます。もっとも種の数が多いのはカエルのなかま（無尾目）で、両生類全体の90％ちかくをしめています。

カエルのなかま（無尾目）
長い後ろあしを使って、大きくジャンプをすることができる。おとなには尾がない。

タゴガエル

サンショウウオ、イモリのなかま（有尾目）
長い尾をもち、体をくねらせながら歩く。

アカハライモリ

アシナシイモリのなかま（無足目）
あしは退化してなくなっていて、土の中や水の中で生活する。

リングアシナシイモリ

両生類の体の特ちょう

両生類は、おとな（成体）になると多くが地上で生活しますが、乾燥に弱く、水からはなれることはできません。そのため、ほとんどの種が、池や川などの近くで生活しています。

両生類のもっとも大きな特ちょうは、「変態」をすることです。変態とは、子どもからおとなになるときに、体のつくりが大きく変わることです。両生類の場合は、水中で生活する子ども（幼生）が、地上で生活するおとな（成体）になることをさします。子どものときは水中では魚と同じ「えら」という器官で呼吸しますが、おとなと同じ姿になって地上に上がるときには「肺」での呼吸に変わります。カエルのなかまでは、尾がなくなってあしが生えてくるなど、外見も大きく変わります。

◀田んぼの水に体をつける、ニホンアマガエル。

▶えら（外えら）が発達している、アカハライモリの幼生。

えら（外えら）

両生類の成長のしかた（アズマヒキガエル）

交尾・産卵

両生類には、メスが産卵した卵にオスが精子をかける「体外受精」をするものと、メスがオスの精子を体内にとりこみ、受精させてから産卵する「体内受精」をするものがいる。写真のアズマヒキガエルは、体外受精。

卵

卵には、は虫類や鳥の卵のようなからはなく、ゼリー状のまくにつつまれている。「卵のう」とよばれるふくろに入れて産む種も多い。メスがおなかの中で卵をふ化させてから、子どもを産むものもいる。

変態

えらが小さくなって、肺ができ、あしが生えてくるなど、地上での生活ができるように体のつくりが変化していく。

子ども（幼生）

ふ化した子どもには、水中で呼吸するためのえらや、泳ぐためのひれがあり、水中での生活に適した体のつくりをしている。

ふ化

卵の中で成長した赤ちゃんが、ゼリー状のまくをやぶって外に出る。

上陸

地上で生活できるようになると、陸に上がる。このころには、おとなと同じ姿になっている。

おとな（成体）

成長すると、オスがメスに抱きつき、メスが卵を産む。

日本の両生類

日本には、約60種の両生類がすんでいます。日本は湿度が高く、また山によってすみかが区切られているため、サンショウウオのなかまをはじめ、両生類が多くすんでいます。日本にすんでいるおもな両生類を、地域ごとに見てみましょう。

奄美諸島・沖縄諸島の両生類

奄美諸島・沖縄諸島には、本州とはちがうカエルなどが多くすんでいます。暑さに弱いサンショウウオのなかまは、九州の大隅諸島より南にはすんでいません。

- ハロウエルアマガエル（→117ページ）
- オキナワイシカワガエル（→131ページ）
- シリケンイモリ（→152ページ）
- イボイモリ（→152ページ）

奄美諸島・沖縄諸島で見られる種

アマミアカガエル／リュウキュウアカガエル／ナミエガエル／ハナサキガエル／アマミハナサキガエル／アマミイシカワガエル／オットンガエル／ホルストガエル／オキナワアオガエル／リュウキュウカジカガエル／ヒメアマガエル／ヌマガエル　など
【外来種】シロアゴガエル／ウシガエル／オオヒキガエル

先島諸島の両生類

先島諸島にしかいないカエルが多くいます。また、台湾と共通する種もいます。

- ヒメアマガエル
- アイフィンガーガエル（→128ページ）
- オオヒキガエル（外来種）（→125ページ）
- ヤエヤマハラブチガエル

先島諸島で見られる種

ミヤコヒキガエル／オオハナサキガエル／コガタハナサキガエル／サキシマヌマガエル／ヤエヤマアオガエル／リュウキュウカジカガエル　など
【外来種】シロアゴガエル／ウシガエル

北海道の両生類

北海道には、あまり多くの両生類はすんでいません。北海道のみにすむ種のほか、ロシアなどにもすむ種もいます。

キタサンショウウオ
（→147ページ）

北海道で見られる種
エゾサンショウウオ／エゾアカガエル／ニホンアマガエル　など
【外来種】ウシガエル

本州・四国・九州の両生類

日本にだけすむカエルやサンショウウオ、イモリなどが多くすんでいます。

本州・四国・九州で見られる種
ナガレヒキガエル／ニホンヒキガエル／タゴガエル／トウキョウダルマガエル／ナゴヤダルマガエル／チョウセンヤマアカガエル／ツシマアカガエル／ツチガエル／ナガレタゴガエル／ニホンアカガエル／ヤマアカガエル／ヌマガエル／シュレーゲルアオガエル／モリアオガエル／カジカガエル／アベサンショウウオ／イシヅチサンショウウオ／オオイタサンショウウオ／オオダイガハラサンショウウオ／オキサンショウウオ／カスミサンショウウオ／クロサンショウウオ／コガタブチサンショウウオ／ツシマサンショウウオ／トウキョウサンショウウオ／トウホクサンショウウオ／ハクバサンショウウオ／ブチサンショウウオ／ベッコウサンショウウオ／ホクリクサンショウウオ／オオサンショウウオ／アカハライモリ　など
【外来種】ウシガエル／アフリカツメガエル／チュウゴクオオサンショウウオ

ニホンアマガエル（→116ページ）
アズマヒキガエル（→124ページ）
トノサマガエル（→130ページ）
オオサンショウウオ（→145ページ）
ヒダサンショウウオ（→147ページ）
ハコネサンショウウオ（→146ページ）
アカイシサンショウウオ（→147ページ）
アカハライモリ（→151ページ）

カエルのなかま

ヒデ博士の「ここに注目！」 ジャンプが得意で、ぴょんぴょんはねる！ カエルのなかまは、目が大きくて、長い後ろあしを折りたたんだ、ユーモラスな体形をしている。おとなになると尾がなくなるため、「無尾目」という。子どものころは「オタマジャクシ」とよばれ、あしがなく、長い尾をくねらせて水中を泳ぐよ。オスは、メスをさそうために大きな声で鳴くよ。

無尾目

耳 こまくが直接見える
こまくは外にむき出しになっている。聴覚はするどく、いろいろな音を聞き分けることができる。

鼻
顔の先にある。呼吸をするためのもので、においにはあまり敏感ではない。

カエルの体のしくみ

口 舌をのばしてえものをとる！
えものを見つけると口を開け、いっきに舌をのばす。舌のうらがわは、ねばねばしていて、えものをくっつけて、口の中に運ぶことができる。

▲舌をのばしてえものをつかまえる、ニホンヒキガエル。

目 まぶたは上下に！
カエルの目には、上にも下にもまぶたがある。上のまぶたは、ねむるときなどに閉じる。下のまぶたは半とうめいで、閉じてもものを見ることができ、水中に飛びこむときなどに使う。ものを飲みこむときには目玉を内がわに引っこめるようにして、口の中の食べものをのどにおしこむ。

▲トマトガエルの目。下まぶたが半とうめいなのがわかる。

前あし 木に登るカエルには、吸ばんがある！
前あしの指の数は4本で、木に登る種は指の先に吸ばんがあり、すべりやすいところでも登れるようになっている。

▲ニホンアマガエルの前あし。指先に吸ばんがある。

▲アズマヒキガエルの前あし。吸ばんはない。

皮ふ

皮ふは、うすくてやわらかく、つねに湿っている。

後ろあし 指の間に水かき！

後ろあしはとても長く、ふだんは折りたたまれていて、いざというときには遠くまでジャンプすることができる。指は5本で、多くの種では指の間に水かきがあり、泳ぐのに適している。木に登る種では、後ろあしにも吸ばんがある。

▲ニホンアマガエルの後ろあし。

(写真はニホンアマガエル)

カエルのくらし

鳴く！

オスは、繁殖期になるとメスの気を引くために大きな声で鳴く。鳴き声は種によってちがい、「鳴のう」とよばれるふくろに空気を入れ、音を出す。

▲トノサマガエルの鳴のうは、顔の両がわにある。

▲ニホンアマガエルの鳴のうは、のどのところに大きく1つ。

▲あごのところに、つながった2つの鳴のうをもつ、ヌマガエル。

泳ぐ！

ほとんどのカエルは、泳ぐのが得意。前あしは使わずに、後ろあしで水をけって、すばやく泳ぐ。

▶田んぼの中を泳ぐ、トノサマガエル。

カエルの成長のしかた

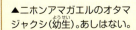

▲ニホンアマガエルのオタマジャクシ（幼生）。あしはない。

▲3週間ほどで後ろあしが生えてくる。

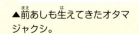

▲前あしも生えてきたオタマジャクシ。

▲約1か月後には尾がちぢみ、カエルらしい姿になる。このころに陸に上がる。

無尾目

アマガエルのなかま

ヒデ博士の「ここに注目！」 田んぼで見かける身近なカエル！ アマガエルのなかまは、世界に800種以上がいて、日本の田んぼなどでよく見かける緑色の小さなカエル、ニホンアマガエルなどがふくまれるよ。多くの種は、小さくて丸みをおびていて、指先には吸ばんがあるので、木や草に登るのが得意なんだ。

葉から葉へジャンプ！

カエルのなかまは、筋肉が発達した長い後ろあしを使って、高くジャンプすることができます。アマガエルのなかまは木登りが得意で、身の危険を感じると大きくジャンプし、葉から葉へ飛びうつります。また、遠くにいるえものをつかまえるために、飛びかかることもあります。

目の前と後ろに、黒い線があるんだ。

ニホンアマガエル 🇯🇵

木の上で生活し、春になると田んぼなど、流れのない水のあるところに集まって産卵します。■3.9〜4.5cm ■北海道〜九州／ロシア東部〜中国北部、韓国 ■平地〜丘陵地 ■昆虫など ■一度に10個ほどの卵を1シーズンに数十回、水中に産む

▲幼生(オタマジャクシ)。全長は5cmほど。

■体長　■分布　■生息域　■食べもの　■繁殖の方法　🇯🇵日本にいる種

無尾目

カンムリアマガエル
メスは卵がふ化するころに産卵場所にもどり、子どもに食べさせるために無精卵（受精していない卵）を産みます。■7〜8㎝ ■メキシコ南部〜パナマ ■高地の熱帯雨林 ■昆虫など ■一度に150個ほどの卵を水がたまった木の穴のかべなどに産む

頭に突起があって、かんむりをかぶっているみたいだよ。

イエアメガエル
森の中から人家の庭まで、さまざまな場所にすんでいます。■7〜11㎝ ■ニューギニア島南部、オーストラリア ■森など ■昆虫など ■一度に1000個ほどの卵を水たまりに産む

頭の皮ふが骨とくっついていて、かたくなっているんだ。

トゲアマガエル 絶滅危惧種
体に、とげのような突起がたくさんあります。■3.6〜4.1㎝ ■コスタリカ〜パナマ ■熱帯雨林 ■昆虫など ■一度に20個ほどの卵を水面にたれさがる葉に産む

カドバリカブトアマガエル
乾季は岩や木のすき間にかくれていて、雨季になると外に出て、水たまりに卵を産みます。■6〜7.5㎝ ■ユカタン半島 ■森など ■昆虫など

大きさチェック
- イエアメガエル 11㎝
- チャチアマガエル 7㎝
- アベコベガエル（成体）7.5㎝
- アベコベガエル（幼生）20㎝（全長）

明るいところでは、ひとみが横に細くなり、にこやかに笑っているようにみえるよ！

チャチアマガエル
頭は大きくて平たく、目がとても大きいです。■4〜7㎝ ■コロンビア南西部〜エクアドル北西部 ■熱帯雨林 ■昆虫など

■体長 ■分布 ■生息域 ■食べもの ■繁殖の方法

※ここで紹介しているカエルは、すべてアマガエル科です。

タピチャラカアマガエル 2003年新種
エクアドル南部のタピチャラカ自然保護区にのみ生息しています。おどろくと、体から白い、ねばねばした液を出します。■6.1～6.6cm
●エクアドル南部 ●高地の熱帯雨林 ●昆虫など

目に「十字」形のもようがあるよ。

ジュウジメドクアマガエル
おどろくと、体から白い毒液を出します。■6～10cm
●南アメリカ北部 ●熱帯雨林 ●昆虫など ●一度に500個ほどの卵を、木の穴にたまった水の中などに産む

アミメアマガエル
体のもようはさまざまです。■3.5～4.4cm
●南アメリカ北部 ●森など ●昆虫など
●水面にたれさがる葉に卵を産む

トラフアマガエル 2008年新種
コロンビアの、高さ3000mの山で発見されました。■3.5～4.4cm
●コロンビア南西部～エクアドル北西部 ●高地の森など ●昆虫など

アベコベガエル
おとなより子ども（オタマジャクシ）のほうがずっと大きいことから、「あべこべ」と名づけられました。■6.5～7.5cm ●南アメリカ ●池、川など ●昆虫、両生類など ●泡状の卵を水面に産む

オタマジャクシのころは、全長が20cm以上もあるよ！

原寸大
▲成体
▶幼生（オタマジャクシ）
原寸大

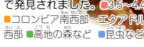

マメ知識　カエルのなかまは、皮ふから水分を体の中に取り入れることができるため、水につかっていれば、口から水を飲む必要がありません。

ツノアマガエルのなかま

ヒデ博士の「ここに注目！」 背中で子育てをするカエル！ ツノアマガエルのなかまは、中央アメリカから南アメリカにかけて、100種ほどがいるよ。

ヒメフクロアマガエル（コモリアマガエル）
[ツノアマガエル科]
メスが卵を背中のふくろで育て、ふ化してオタマジャクシになると、植物にたまった水の中にはなします。■2.5～3cm ■ベネズエラ北部～コロンビア北西部 ■高地の熱帯雨林 ■昆虫など ■一度に8個ほどの卵を産む

▲ヒメフクロアマガエルのメスの背中でふ化したオタマジャクシ。

背中で子育て

ツノアマガエルのなかまは、産卵後、産んだ卵をオスがメスの背中にあるふくろの中におしこみます。卵はそこで成長し、やがてふ化します。

子ガエル

絶滅危惧種

オオフクロアマガエル [ツノアマガエル科]
メスは背中のふくろで卵を育てます。ふ化してからも子ガエルになるまで背中のふくろで育てます。
■6～10cm ■ベネズエラ北部 ■高地の熱帯雨林 ■昆虫、両生類など ■一度に10個ほどの卵を産む

エクアドルツノアマガエル [ツノアマガエル科]
卵はメスの背のふくろの中で育ち、オタマジャクシの時期はなく、小さなカエルの姿で生まれよう。
■5～6.6cm ■コロンビア、エクアドル、ペルー ■熱帯雨林 ■昆虫、両生類など ■一度に10個ほどの卵を産む

アマガエルモドキのなかま

ヒデ博士の「ここに注目！」 内臓が透けて見える、とうめいな体をもつカエル！ 木の上にすみ、水面にたれさがっている植物の葉のうらに卵を産むよ。

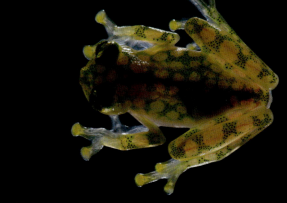

トウメイアマガエルモドキ [アマガエルモドキ科]
葉のうらに卵を産みつけ、オスはふ化するまで卵の近くにいて、ハチなどの敵から守ります。■2.4～2.6cm ■コスタリカ中部～エクアドル北西部 ■熱帯雨林 ■昆虫など ■一度に30個ほどの卵を、水面にたれさがる葉のうらに産む

■体長 ■分布 ■生息域 ■食べもの ■繁殖の方法

ツノガエルのなかま

ヒデ博士の「ここに注目！」 大きなえものもひとのみ！ ツノガエルのなかまは、南アメリカに12種がいるよ。

◀ネズミをつかまえたベルツノガエル。

なんでも食べる食いしんぼう

ツノガエルのなかまは、ふだんはゆっくりとした動きですが、動くものが近くに来ると、すごい速さでおそいかかり、食べてしまいます。大型のベルツノガエルなどは、ネズミをつかまえて食べることもあります。

ベルツノガエル [ツノガエル科]
地上にすみ、木には登れません。■10〜12.5cm ■ブラジル南部〜アルゼンチン北部 ■熱帯雨林 ■昆虫、両生類、ヘビやトカゲ、小型ほ乳類など ■一度に500個ほどの卵を水中に産む

▲どろの中にひそむ、マルメタピオカガエル。

マルメタピオカガエル [ツノガエル科]
水の中にすみます。乾季にはねん液でまゆをつくり、地中で休眠します。■10〜12cm ■ボリビア〜パラグアイ、アルゼンチン北部 ■沼など ■昆虫、魚、両生類など ■一度に1000個ほどの卵を水中に産む

アマゾンツノガエル [ツノガエル科]
落ち葉だまりの中にひそみ、頭を出してえものを待ちぶせします。■8〜12cm ■南アメリカ北部 ■熱帯雨林 ■昆虫、両生類、ヘビやトカゲ、小型ほ乳類など ■一度に500個ほどの卵を水中に産む

大きさチェック
- オオフクロアマガエル 10cm
- ベルツノガエル 12.5cm
- チチカカミズガエル 13.8cm

ミズガエルのなかま

ヒデ博士の「ここに注目！」 皮ふを使って、水の中でも呼吸ができる！ ミズガエルのなかまは水中にすみ、南アメリカのアンデス山脈にある湖などに50種以上がすんでいるよ。

皮ふがたるんでいて、水にふれる面積が大きくなるようになっているよ。

チチカカミズガエル [ミズガエル科] 絶滅危惧種
標高3800mの冷たい湖にすんでいます。肺は小さく、酸素はおもに皮ふからとりこみます。■7.5〜13.8cm ■ボリビアとペルーのチチカカ湖とその周辺 ■高地の湖や川など ■水生昆虫、魚など ■一度に500個ほどの卵を水中に産む

ヤドクガエルのなかま

ヒデ博士の「ここに注目！」 強力な毒で身を守る！ ヤドクガエルのなかまは、危険を感じると皮ふから毒液を出すんだ。毒は体の機能をまひさせるもので、わずかな量で、大型の動物も動けなくなってしまったり、心臓が止まって死んでしまったりするほどなんだ。中央アメリカや南アメリカに290種ほどがいて、どの種も小型で、おもにアリやダニを食べるよ。

無尾目

カラフルな色は危険信号

ヤドクガエルのなかまは、どの種もとてもあざやかでカラフルな色をしています。多くのカエルは、天敵に食べられないように目立たない色をしていますが、ヤドクガエルのなかまは逆に目立つことで、「自分には毒があるから、食べないほうがいいよ！」と警告しているのです。

▲写真のカエルは、すべて同じ種のイチゴヤドクガエル。すむ場所や個体によってさまざまな体の色をしている。

イチゴヤドクガエル
メスはふ化したオタマジャクシを背中に乗せて、木の上の植物にたまった水の中などに移動させます。オタマジャクシはメスが産んだ無精卵（受精していない卵）を食べて育ちます。■2〜2.4㎝ ■ニカラグア南東部〜パナマ北西部 ■熱帯雨林 ■昆虫など ■一度に6個ほどの卵をアナナスの葉などに産む

▲背中にオタマジャクシを乗せて運ぶメス。

オタマジャクシ

コバルトヤドクガエル
森を流れる小川の、コケが多い場所を好んでいます。オスが卵を守り、ふ化するとオタマジャクシを背中に乗せて運びます。
■4〜4.8㎝ ■スリナム南部 ■森 ■昆虫など ■一度に5個ほどの卵をコケなどに産む

122 ■体長 ■分布 ■生息域 ■食べもの ■繁殖の方法

ヒキガエルのなかま

ヒデ博士の「ここに注目！」 ごつごつしたいぼをもつ、大型のカエル！ 日本ではむかしからなじみ深いカエルで、「ガマ」ともよばれるよ。あしが短くて体が重いので動きはにぶく、舌をのばしてえさをとるんだ。世界に580種ほどがいるよ。

無尾目

メスをうばいあう「ガマ合戦」

ヒキガエルのなかまは、交尾と産卵のために集団で池などに集まります。メスをめぐってオスどうしがはげしく争う様子は、「ガマ合戦」とよばれています。

こまくが大きいよ。

アズマヒキガエル 日本固有種（亜種）
東日本にすむヒキガエルです。■6〜18cm ■東北地方〜近畿地方 ■平地〜高地の森など ■昆虫など ■一度に6000個ほどの卵を水中に産む

ナガレヒキガエル 日本固有種
渓流にすむ、あしの長いヒキガエルです。■12〜16.8cm ■中部地方〜近畿地方 ■高地の渓流 ■昆虫など ■一度に2000個ほどの卵を水中に産む

ニホンヒキガエル 日本固有種（亜種）
西日本にすむヒキガエルです。■8〜17.6cm ■本州南西部〜九州 ■平地〜高地の森など ■昆虫など ■一度に1万個ほどの卵を水中に産む

大きさチェック

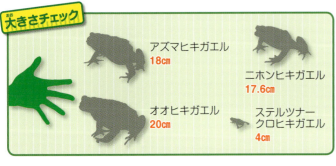

アズマヒキガエル 18cm
ニホンヒキガエル 17.6cm
オオヒキガエル 20cm
ステルツナークロヒキガエル 4cm

■体長 ■分布 ■生息域 ■食べもの ■繁殖の方法 ●日本にいる種

※ここで紹介しているカエルは、すべてヒキガエル科です。

このふくらみに毒をためているよ。

オオヒキガエル
敵におそわれると、目の後ろのふくらみから強い毒液を出します。害虫退治の目的で、世界のさまざまな地域にもちこまれました。 ■15〜20㎝ ■小笠原諸島、石垣島、南大東島、北大東島（移入）／北アメリカ南部〜南アメリカ北部 ■草原、森など ■昆虫、ヘビやトカゲ、小型ほ乳類など ■一度に2万個ほどの卵を水中に産む

マレーキノボリヒキガエル
指先の吸ばんが大きく、木登りが得意です。 ■8〜10㎝ ■東南アジア ■丘陵地の森 ■昆虫など ■一度に1000個ほどの卵を地中に産む

マダラヤセヒキガエル　絶滅危惧種
平地から標高2000mの高地まで生息します。 ■4〜6㎝ ■コスタリカ中部〜パナマ西部 ■平地〜高地の熱帯雨林など ■昆虫など ■一度に50個ほどの卵を水中に産む

ステルツナークロヒキガエル
体は小さいですが、毒をもちます。敵におそわれると、体をそらしてあしやおなかの赤い色を見せ、警告します。 ■2.5〜4㎝ ■ブラジル南部〜ウルグアイ、アルゼンチン北部 ■草原など ■昆虫など ■一度に10個ほどの卵を水中に産む

コモチヒキガエル　絶滅危惧種
体内受精をします。卵はメスのおなかの中でふ化して、子ガエルになるまで育ちます。 ■5.6〜6㎝ ■タンザニア南東部 ■森など ■昆虫など ■一度に10匹ほどの子どもを産む

ツノコノハヒキガエル
体全体が木の葉に似ていて、落ち葉の中にかくれます。 ■6.3〜7.6㎝ ■南アメリカ北部 ■熱帯雨林など ■昆虫など ■一度に200個ほどの卵を水中に産む

125

コガネガエル、カメガエルなどのなかま

ヒデ博士の「ここに注目！」 コガネガエルのなかまは、体長2cmほどの小さなカエルで、ブラジルに52種がいるよ。指はとても小さく、前あしに2本、後ろあしに3本しかないように見えるよ。カメガエルのなかまは、体の形やすむ場所がさまざま。指先は細くて吸ばんはなく、木には登れないよ。オーストラリアとニューギニア島に130種ほどがいる。

無尾目

コガネガエル ［コガネガエル科］
オタマジャクシの時期はなく、卵の中で子ガエルになり、外に出ます。■1.3〜2cm ■ブラジル南東部 ■熱帯雨林 ■昆虫など ■一度に5個ほどの卵を湿った場所に産む

頭が小さく、体つきがカメのようにみえる。

カメガエル ［カメガエル科］
地中でくらし、一度に数百匹のシロアリを食べます。■4.1〜4.5cm ■オーストラリア南西部 ■草原、林など ■シロアリ ■一度に30個ほどの卵を地中に産む

サバクナキガエル ［カメガエル科］
オスは雨が降るといっせいに鳴きだし、岩場の水たまりで繁殖します。土の中でまゆをつくり、乾燥から身を守ります。■5〜5.5cm ■オーストラリア中部 ■砂漠 ■シロアリや昆虫など ■500個ほどの卵を水たまりに産む

胃の中で子育てをするカエル

イブクロコモリガエルは、メスが自分で産んだ卵を飲みこみ、胃の中で子どもを育てます。ふ化したオタマジャクシは、その後もずっと胃の中ですごし、カエルの姿になってから口から出てきます。その間、メスはなにも食べず、胃液も出ないので、卵や子どもは消化されずにすむのです。イブクロコモリガエルは1981年から野生で見つかっておらず、絶滅してしまったと考えられています。

子ガエル

ダーウィンハナガエル ［ダーウィンガエル科］ **絶滅危惧種**
オスはメスが産んだ卵を守り、ふ化するころに卵を口に入れ、鳴のう（→115ページ）で子ガエルになるまで育てます。■2.8〜3.1cm ■チリ、アルゼンチン ■森の中の小川近く ■昆虫など ■一度に15個ほどの卵を湿った場所に産む

▲胃の中で育った子どもを口から出すイブクロコモリガエルのメス。

■体長 ■分布 ■生息域 ■食べもの ■繁殖の方法 ●日本にいる種

アオガエルのなかま

ヒデ博士の「ここに注目！」 ジャンプと木登りが得意！ アオガエルのなかまは、アフリカから東南アジア、日本などに360種以上がいて、おもに木の上にすんでいるよ。卵がかわかないように、泡の中に卵を産む種もいるんだ。

木の枝に、泡をつくって卵を産む

モリアオガエルは、池などにはりだした木の枝に集まり、泡のかたまりをつくってその中に卵を産みます。1匹のメスに、たくさんのオスがむらがって交尾をします。泡の中でふ化したオタマジャクシは、そのまま下に広がる池に落ちていき、そこで生活します。

▲木の枝に泡をつくって産卵する。

▶もようのある個体。

◀もようのない個体。

皮ふがざらざらしている。

日本固有種

モリアオガエル［アオガエル科］

おもに木の上にすみます。目が赤っぽい色をしています。体にもようがあるものと、ないものがいます。■4.2〜8.2cm ■本州 ■高地の森 ■昆虫など ■一度に500個ほどの卵を木の上に産む

▲卵の入った泡のかたまりが、いくつも木の枝にくっついている。

▲泡の中でふ化したオタマジャクシ。

▲オタマジャクシは泡から、真下の池に落ちる。

◀地面にほられた浅い穴の中の、シュレーゲルアオガエルの卵塊（→141ページ）。

日本固有種

シュレーゲルアオガエル［アオガエル科］

繁殖期には土をほった穴の中に、泡につつまれた卵を産みます。金色っぽい目をしています。■3.2〜5.3cm ■本州〜九州 ■平地〜丘陵地の森や水田など ■昆虫など ■一度に200個ほどの卵を土をほった穴に産む

大きさチェック

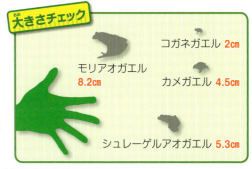

コガネガエル 2cm
モリアオガエル 8.2cm
カメガエル 4.5cm
シュレーゲルアオガエル 5.3cm

マメ知識 水辺ちかくの土にほられた穴の中に産みつけられたシュレーゲルアオガエルの卵は、雨が降ると流れだし、池や、水をはった田んぼにたどり着きます。

木の穴の中で子育て

アイフィンガーガエルは、水がたまった木の穴のかべなどに、卵を産みつけます。ふ化したオタマジャクシは水の中に落ち、そこで育ちます。木の穴の中は天敵が少なくて安全ですが、食べ物がありません。そこでアイフィンガーガエルのメスは、無精卵（受精していない卵）を産み、オタマジャクシの食べ物にします。

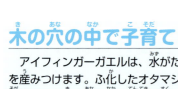

アイフィンガーガエル［アオガエル科］🇯🇵
日本にすむカエルのなかで、唯一子育てをするカエルです。■3.1～4cm／八重山列島／台湾／森など／昆虫など／一度に30個ほどの卵を、木の穴にたまった水の中などに産む

▲木の穴の中で育つオタマジャクシ。

▶丸まって死んだふりをするコケガエル。

皮ふがでこぼこしていて、体にコケがついているようにみえるよ！

コケガエル［アオガエル科］
敵におそわれると丸くなって、死んだふりをします。■6～8cm／ベトナム北部／高地の渓流／昆虫など／一度に30個ほどの卵を水辺の岩に産む

カジカガエル［アオガエル科］🇯🇵 日本固有種
「フィーフィーフィー」と、うつくしい声で鳴くカエルです。水中の石の下に産卵します。■4.4～6.9cm／本州～九州／高地の渓流など／昆虫など／一度に200個ほどの卵を水中の石の下に産む

大きさチェック

ウォレストビガエル 10cm
アイフィンガーガエル 4cm
キンイロアデガエル 3.1cm

■体長　■分布　■生息域　■食べもの　■繁殖の方法　🇯🇵日本にいる種

体を広げて空をまう

トビガエルのなかまは、木から木へ飛びうつるときに指の間にある大きな水かきを広げ、滑空します。高い木の上から飛びおりると、15mも滑空することができます。

ウォレストビガエル [アオガエル科]
木の上にすんでいて、水かきが大きく発達しています。
■8〜10cm ■東南アジア ■熱帯雨林 ■昆虫など ■一度に500個ほどの卵を木の上に産む

▶滑空するウォレストビガエル。

アカマクトビガエル [アオガエル科]
水かきまで真っ赤なトビガエルです。■5.5〜7.1cm ■東南アジア ■熱帯雨林 ■昆虫など ■木の上に卵を産む

カブトシロアゴガエル [アオガエル科]
頭は大きくて、かぶとのようです。オタマジャクシは大きく、全長6cmになります。
■8〜9.7cm ■ボルネオ島、スマトラ島 ■熱帯雨林 ■昆虫など ■木の上に卵を産む

アデガエルのなかま

ヒデ博士の「ここに注目！」 はでな姿はヤドクガエル（→122ページ）にそっくり！ アデガエルのなかまは、マダガスカル島とその周辺に200種ほどがいて、皮ふから毒液を出すんだ。カエルのなかではめずらしく、体内受精をするよ。

キノボリアデガエル [アデガエル科] 毒
指先に吸ばんがあり、木に登ることができます。竹林にすみます。
■2.4〜3cm ■マダガスカル島北東部 ■平地〜丘陵地の森 ■昆虫など ■木の穴にたまった水の中などに産む

キンイロアデガエル [アデガエル科] 毒 絶滅危惧種
標高950mほどの、すずしい森の地面で生活しています。
■2〜3.1cm ■マダガスカル島東部 ■高地の森 ■昆虫など ■一度に20個ほどの卵を湿った場所に産む

マメ知識 カジカガエルのオスは、メスの気を引くために、渓流の石の上で鳴きます。よりよい鳴き場所をめぐり、オスどうしが争うこともあります。

アカガエルのなかま

無尾目

ヒデ博士の「ここに注目！」 ジャンプが得意なカエル！ アカガエルのなかまは、おもに水辺にくらし、顔が細長くて、前あしに水かきはないんだ。世界最大のゴライアスガエルなど、世界に300種以上がいるよ。

田んぼで出会う食いしんぼう

田んぼにすむトノサマガエルは食欲がとてもおうせいで、動くものに飛びかかり、えものを大きな口いっぱいにつめこんで食べます。田んぼの害虫となるバッタなどを好んで食べるので、農家の人にはたいせつにされてきました。かつては田んぼでよく見られたカエルですが、急速に数を減らしています。

▲バッタを食べるトノサマガエル。

トノサマガエル 絶滅危惧種
オスはメスより小さく、繁殖期には体が金色に変化します。■3.8〜9.4㎝ ■本州〜九州／中国、朝鮮半島、ロシア南東部 ■小川、沼、水田など ■昆虫、両生類など ■一度に2000個ほどの卵を水中に産む

トウキョウダルマガエル 日本固有種（亜種）
トノサマガエルとナゴヤダルマガエルの中間の体つきをしています。■3.9〜8.7㎝ ■仙台平野、関東平野、長野県、新潟県 ■小川、沼、水田など ■昆虫、両生類など ■一度に1000個ほどの卵を水中に産む

ナゴヤダルマガエル 絶滅危惧種 日本固有種（亜種）
トノサマガエルより小型であしが短く、ジャンプ力はあまりありません。■3.5〜7.3㎝ ■東海地方〜中国地方、香川県 ■小川、沼、水田など ■昆虫、両生類など ■1000個ほどの卵を水中に産む

トノサマガエルとナゴヤダルマガエル、トウキョウダルマガエルの分布

これらの3つのカエルはとてもちかい種で、たがいに雑種をつくることもあります。

- ■ トノサマガエル
- ■ ナゴヤダルマガエル
- ■ トウキョウダルマガエル

ツチガエル
体からいやなにおいを出します。オタマジャクシのまま、水中で冬を越すことがあります。■3.7〜5.3㎝ ■本州〜九州／中国東北部、朝鮮半島 ■小川、水田など ■昆虫など ■一度に50個ほどの卵を1シーズンに数十回水中に産む

大きさチェック

- トノサマガエル 9.4㎝
- ニホンアカガエル 6.7㎝
- ハナサキガエル 7.2㎝
- オキナワイシカワガエル 11.7㎝

■体長 ■分布 ■生息域 ■食べもの ■繁殖の方法 ■日本にいる種

※ここで紹介しているカエルは、すべてアカガエル科です。

ニホンアカガエル 🇯🇵
まだ寒い冬の時期から産卵が始まります。オスはメスより早く出てきて、湿地や水田の水辺でメスを待ちます。■3.4〜6.7㎝ ■本州〜九州／中国 ■平地〜丘陵地 ■昆虫など ■一度に1000個ほどの卵を水中に産む

背中にある線(背側線)がまっすぐのびている。

ヤマアカガエル 🇯🇵 日本固有種
山の湿った林に好んですみます。■4.2〜7.8㎝ ■本州〜九州 ■平地〜高地 ■昆虫など ■一度に1000個ほどの卵を水中に産む

背中にある線(背側線)が、こまくの後ろで外がわにまがっている。

ナガレタゴガエル 🇯🇵 日本固有種
繁殖期になると、オス、メスともに皮ふがのびてひだのようになり、水中の酸素をたくさんとりこめるようになります。■4〜6㎝ ■関東地方〜中国地方 ■丘陵地の森 ■昆虫など ■一度に100個ほどの卵を水中の岩の下などに産む

タゴガエル 🇯🇵 日本固有種
渓流沿いの巣穴で産卵します。■3〜5㎝ ■本州〜九州 ■丘陵地〜高地の森 ■昆虫など ■一度に100個ほどの卵を産む

ハナサキガエル 🇯🇵 日本固有種 絶滅危惧種
鼻の穴が口先にあるのが名前の由来です。1月ごろに渓流に集まり、滝つぼの岩などに産卵します。■4.2〜7.2㎝ ■沖縄島北部 ■森 ■昆虫など ■一度に200個ほどの卵を水中に産む

オキナワイシカワガエル 🇯🇵 日本固有種 絶滅危惧種
渓流の近くにすみます。はでな体色は、コケが生えた岩場では目立ちません。■10.6〜11.7㎝ ■沖縄島北部 ■森 ■昆虫など ■一度に1000個ほどの卵を水中に産む

どろをほって子どもを守るお父さん

アフリカウシガエルは、オスが子育てをします。オタマジャクシは雨でできた水たまりの中で成長しますが、晴れの日が続くと、水たまりが干上がってしまうことがあります。するとオスは必死でどろをほって水路をつくり、ほかの水たまりにつなげてオタマジャクシを助けようとします。

無尾目

▲子どものために水路をほるアフリカウシガエルのオス。

アフリカウシガエル ［アカガエル科］

大きなオスは、体重1kgをこえます。寿命は20年以上にもなります。繁殖期には、メスをめぐってオスどうしがはげしく争います。■10〜24.5cm ■アフリカ南部 ■平地の草原 ■昆虫、両生類、鳥、小型ほ乳類など ■一度に3000個ほどの卵を水中に産む

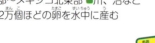
日本最大のカエル

ウシガエル ［アカガエル科］🇯🇵

体は大きく、ザリガニからネズミまで、口に入るものはなんでも食べます。牛のような鳴き声です。日本には、食用にするためにもちこまれました。
■12〜18.5cm ■日本各地（移入）／カナダ南東部〜メキシコ北東部 ■川、沼など ■昆虫、両生類、鳥、小型ほ乳類など ■一度に2万個ほどの卵を水中に産む

ナミエガエル ［アカガエル科］🇯🇵 絶滅危惧種

沖縄県の天然記念物です。頭が大きく、下あごには牙のような突起があります。■9〜11cm ■沖縄島 ■渓流 ■エビやカニ、昆虫など

アジアミドリガエル ［アカガエル科］

ジャンプ力があり、危険を察知すると、勢いよく水中に飛びこみます。■4.8〜7.8cm ■東南アジア ■小川、沼、水田など ■昆虫など ■一度に1000個ほどの卵を水中に産む

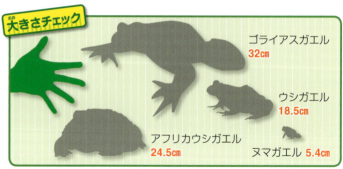

大きさチェック
- ゴライアスガエル 32cm
- ウシガエル 18.5cm
- アフリカウシガエル 24.5cm
- ヌマガエル 5.4cm

■体長 ■分布 ■生息域 ■食べもの ■繁殖の方法 🇯🇵日本にいる種

世界最大のカエル

ゴライアスガエル ［アカガエル科］ 絶滅危惧種
オスには鳴のう（→115ページ）がなく、口をすぼめて口笛のように音を出します。■17〜32cm ■カメルーン南西部〜赤道ギニア ■高地の川 ■昆虫、両生類、小型ほ乳類など ■一度に200個以上の卵を水中に産む

◀人がつかまえたゴライアスガエル。大きいものでは、あしをのばすと80cm、体重は3.3kgにもなる。

ヌマガエルのなかま

ヒデ博士の「ここに注目！」 水辺を好む、アジアのあたたかい地域にすむカエル！ ヌマガエルは、地球温暖化の影響で、すんでいる場所がすこしずつ北に広がっているよ。

目は、上向きについていて、水面にうかびながら水上のものを見られるんだ！

ヌマガエル ［ヌマガエル科］
繁殖期を通して、1匹のメスが合計1000個ほどの卵を産みます。オタマジャクシはふ化してから1か月ほどでカエルになります。■2.9〜5.4cm ■中部地方〜南西諸島／中国、台湾 ■小川、沼、水田など ■昆虫など ■一度に30個ほどの卵を産む

アジアウキガエル ［ヌマガエル科］
浅い水辺にすみ、水面から目と鼻を出してうきます。■2.2〜3cm ■東南アジア ■小川、水田など ■昆虫など

ヒメガエルのなかま

ヒデ博士の「ここに注目！」 世界最小のカエルをふくむ、小型のカエルのグループ！ 水かきはないかとても小さく、泳ぎはあまり得意ではないんだ。世界のあたたかい地域に、500種以上がいるよ。

食虫植物の中にすむ

体長2cmほどのとても小さなボルネオヒメガエルは、食虫植物のウツボカズラのふくろの中でオタマジャクシが育つという、おどろくべき生態をもっています。ウツボカズラはふくろの中に消化液をためていて、中に落ちた虫などを溶かして養分にしてしまう植物ですが、そこで生活するオタマジャクシやカエルがどうして溶かされてしまわないのかは、よくわかっていません。

▶ウツボカズラの中で育つオタマジャクシ。

ボルネオヒメガエル [ヒメガエル科]
■1.8〜2.3cm ■ボルネオ島 ■熱帯雨林 ■シロアリや昆虫など ■ウツボカズラのふくろの中に卵を産む

トマトガエル [ヒメガエル科]
トマトのような真っ赤な色をしたカエルです。敵におそわれると、体からねん液を出します。
■6.5〜10.5cm ■マダガスカル島北東部 ■熱帯雨林 ■昆虫など ■一度に1500個ほどの卵を水中に産む

ナゾガエル [ヒメガエル科]
皮ふはゴムのような手ざわりです。発見されたときに、どのなかまに入れるべきか不明だったので、「謎ガエル」と名づけられました。■6.8〜7.5cm ■アフリカ東部〜南部 ■平地の草原など ■シロアリなど ■一度に1000個ほどの卵を水中に産む

カエルにはめずらしく、首をすこし動かすことができるぞ！

2012年新種

アマウヒメガエル [ヒメガエル科]
世界でいちばん小さな脊椎動物（背骨のある生きもの）です。湿った林にすんでいます。■0.7〜0.8cm ■パプアニューギニア南東部 ■丘陵地 ■昆虫など

世界最小のカエル

原寸大

■体長 ■分布 ■生息域 ■食べもの ■繁殖の方法

フクラガエルなどのなかま

ヒデ博士の「ここに注目!」 危険を感じると、風船のようにふくらむ! フクラガエルのなかまの多くは、顔が小さくてあしが短く、ふだんは地中にかくれているぞ。オタマジャクシの時期はなく、卵から子ガエルになるんだ。アフリカに34種がいるよ。

▲後ろあしで砂をほり、地中にもぐる。

▶体をふくらませていかくをしている、フクラガエル。

フクラガエル[フクラガエル科]
ふだんは地中にもぐっていて、雨が降ると地上にあらわれます。いかくするときに、体を大きくふくらませます。
■4.7〜6㎝ ■アフリカ南部 ■平地の草原
■シロアリなど ■一度に30個ほどの卵を地中に産む

マダラクチボソガエル[クチボソガエル科]
口先がシャベルのようにかたくとがっていて、穴をほることができます。■3.5〜5.5㎝ ■アフリカ中部〜南部 ■草原
■シロアリなど ■一度に150個ほどの卵を地中に産む

大きさチェック
アマウヒメガエル 0.8㎝
フクラガエル 6㎝　ケガエル 13㎝

サエズリガエルのなかま

ヒデ博士の「ここに注目!」 オスは、小鳥がさえずるように鳴く! アフリカに140種以上がいて、さまざまな姿をしているよ。

ケガエル[サエズリガエル科]
繁殖期のオスはわきばらなどの皮ふが細くのびて毛のようになります。■9〜13㎝ ■アフリカ中部 ■熱帯雨林
■昆虫など ■一度に200個ほどの卵を水中に産む

マメ知識 ケガエルの毛のような皮ふは、水にふれる面積が増えるので、皮ふ呼吸に役立ちます。そのため、卵を守るときに、長時間水の中にいられます。

クサガエルのなかま

ヒデ博士の「ここに注目！」 クサガエルのなかまは、アマガエルに似た体つきをしている小型のカエル。アフリカに200種以上がいるよ。

マダガスカルクサガエル ［クサガエル科］
海沿いの林や農地にもすんでいます。昼間は葉の上でねています。■3.5〜4㎝ ■マダガスカル島東部 ■平地など ■昆虫など

トウメイクサガエル ［クサガエル科］
体はとうめいで、内臓が見えます。■2.4〜2.6㎝ ■アフリカ東部 ■平地の池や沼 ■昆虫など ■一度に30個ほどの卵を水中に産む

▲鳴のう（→115ページ）をふくらませて鳴くトウメイクサガエル。鳴のうはあごの下にあり、変わった形をしている。

ハナナガクサガエル ［クサガエル科］
雨季になると、水たまりや小川で産卵します。■2.5〜2.6㎝ ■アフリカ西部〜東部・南部 ■平地の草原や農地など ■昆虫など ■一度に30個ほどの卵を水中に産む

口先が長くつきだしていて、長い鼻のようにみえるんだ。

セーシェルガエルなどのなかま

ヒデ博士の「ここに注目！」 セーシェルガエルのなかまは、インド洋のセーシェル諸島にだけすむカエル。インドハナガエルは、2003年にインドで新しく発見された種で、セーシェルガエルにちかい遺伝子をもつことがわかったんだ。インドとセーシェル諸島の間には海があるけど、大昔は陸続きだったと考えられているよ。

絶滅危惧種
ガーディナーセーシェルガエル ［セーシェルガエル科］
メスはオタマジャクシを背中に乗せて、水辺まで運びます。■0.8〜1.1㎝ ■セーシェル諸島のマヘ島、シルエット島 ■熱帯雨林 ■昆虫など ■一度に8個ほどの卵を湿った場所に産む

絶滅危惧種 **2003年新種**
インドハナガエル ［インドハナガエル科］
「ムラサキガエル」ともよばれます。地中にすみ、一年のうち雨季の2週間だけ、繁殖のため地上にあらわれます。■5.2〜9㎝ ■インドの西ガーツ山脈南部 ■森など ■シロアリなど ■一度に3000個ほどの卵を水中に産む

■体長 ■分布 ■生息域 ■食べもの ■繁殖の方法

コノハガエルのなかま

ヒデ博士の「ここに注目！」 落ち葉のような姿でカムフラージュ！コノハガエルのなかまは、熱帯雨林にすみ、夜になると活動するよ。

落ち葉にまぎれる

コノハガエルのなかまは、体のもようや形が、地面に落ちたかれ葉によく似ています。落ち葉の積もった地面にまぎれていると、なかなか見つけることができません。

ミヤマウデナガガエル [コノハガエル科]
おもに標高1000mほどの山にすんでいます。落ち葉の上でじっとして身をかくします。■6.5〜8.7㎝ ■ボルネオ島 ■熱帯雨林 ■昆虫など ■一度に10個ほどの卵を水中に産む

ミツヅノコノハガエル [コノハガエル科]
■7〜14cm ■マレー半島、スマトラ島、ボルネオ島 ■熱帯雨林 ■昆虫など ■一度に300個ほどの卵を水中に産む

アメリカスキアシガエルなどのなかま

ヒデ博士の「ここに注目！」 乾燥した時期は土の中ですごす！ アメリカスキアシガエルなどのなかまは、後ろあしが、農作業で使う道具、「すき」のようになっていて、土をほることができるよ！

ひとみは、ネコのようにたて長になっているよ。

ニンニクガエル [ニンニクガエル科]
危険がせまると、体からニンニクのようなにおいを出します。■6.5〜8cm ■ヨーロッパ ■平地 ■昆虫など ■一度に500個ほどの卵を水中に産む

パセリガエル [パセリガエル科]
背中に、きざんだパセリのようなもようがあるので名づけられました。ニンニクガエルと同じように、においを出します。■3.5〜4.5cm ■ヨーロッパ西部 ■平地〜丘陵地 ■昆虫など ■一度に50個ほどの卵を水中に産む

コーチスキアシガエル [アメリカスキアシガエル科]
乾燥した地域にすみ、一年のほとんどを地中で休みます。雨が降ると地上に出てきます。■6〜8cm ■アメリカ合衆国南部〜メキシコ北部 ■砂漠など ■昆虫など ■一度に30個ほどの卵を水中に産む

◀産卵のときには、オスがメスの腰を後ろからだきかかえるようにして交尾をする。

大きさチェック
- トウメイクサガエル 2.6cm
- インドハナガエル 9cm
- コーチスキアシガエル 8cm
- ミツヅノコノハガエル 14cm

マメ知識 アメリカスキアシガエルのなかまは、後ろあしで土をかきながら、後ずさりをするように、おしりのほうから土の中にもぐっていきます。

ピパのなかま

ヒデ博士の「ここに注目！」 うすっぺらい体をした、水の中にすむカエル！ ピパのなかまは、アフリカと南アメリカに30種以上がすみ、どの種もつねに水中ですごす。口の中に舌はなく、近づいたえものを水といっしょに丸のみにするぞ。

無尾目

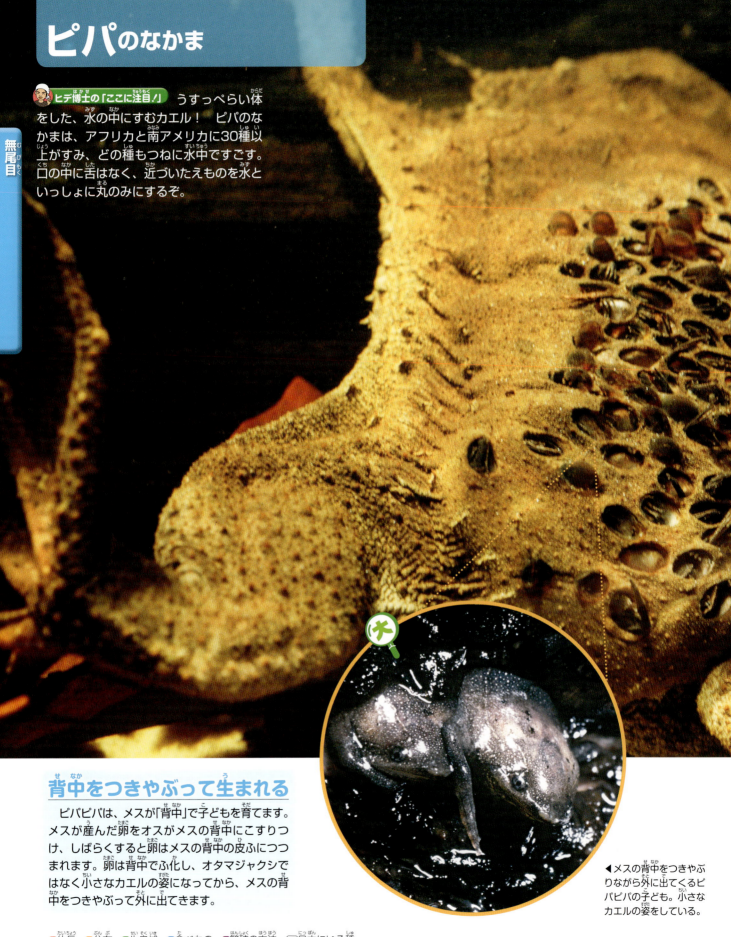

背中をつきやぶって生まれる

ピパピパは、メスが「背中」で子どもを育てます。メスが産んだ卵をオスがメスの背中にこすりつけ、しばらくすると卵はメスの背中の皮ふにつつまれます。卵は背中でふ化し、オタマジャクシではなく小さなカエルの姿になってから、メスの背中をつきやぶって外に出てきます。

◀メスの背中をつきやぶりながら外に出てくるピパピパの子ども。小さなカエルの姿をしている。

■体長　■分布　■生息域　■食べもの　■繁殖の方法　■日本にいる種

ピパピパ（コモリガエル）[ピパ科]
とても平たい体をしています。◾15.4～17.1㎝ ◾南アメリカ北部 ◾池や川の浅瀬 ◾魚など ◾100個ほどの卵を産み、背中で育てる

後ろあしの水かきが大きく発達しているよ！

アフリカツメガエル [ピパ科]
水中で生活していますが、水が干上がるとどろの中にもぐり、雨が降るまで出てきません。後ろあしの指の内がわの3本にはつめがあります。◾9.7～14.7㎝ ◾静岡県、和歌山県（移入）／アフリカ中部～南部 ◾池や川の浅瀬 ◾魚、水生昆虫、両生類など ◾一度に1000個ほどの卵を水中に産む

コンゴツメガエル [ピパ科]
後ろあしだけでなく、前あしにも水かきがあります。◾3～3.5㎝ ◾ナイジェリア～コンゴ民主共和国東部 ◾池や川の浅瀬 ◾水生昆虫など

メキシコジムグリガエルのなかま

ヒデ博士の「ここに注目！」 まんまるとした体の、世界に1種だけのグループ！ 地中にすみ、舌を棒のようにのばして巣の中のシロアリをつかまえて食べるよ。

メキシコジムグリガエル [メキシコジムグリガエル科]
ふだんは地中にいて、雨が降ると水たまりにあらわれます。◾6～8.9㎝ ◾北アメリカ南部～コスタリカ ◾平地の草原、農地など ◾シロアリなど ◾一度に1000個ほどの卵を水中に産む

大きさチェック
ピパピパ 17.1㎝
メキシコジムグリガエル 8.9㎝

ムカシガエルなどのなかま

ヒデ博士の「ここに注目！」 原始的な特ちょうを残したカエルたち！ 背骨の数が多いなど、大昔から変わらない特ちょうがあるなかまだ。子育てをする種も多いよ。

無尾目

▶たくさんの卵を後ろあしにくくりつけ、水辺の近くに移動してきたオス。

肌身はなさず卵を守る

サンバガエルのオスは、メスが産んだ卵を後ろあしにくくりつけるようにして、ふ化するまでの約1か月間、肌身はなさず守ります。卵のふ化が近づくと水辺にむかい、オタマジャクシを水中にはなします。

サンバガエル［サンバガエル科］毒
陸にすみ、昼間は地中にかくれています。■4.5～5.5㎝ ■ドイツ～イタリア、ポルトガル ■平地～高地 ■昆虫など ■一度に50個ほどの卵を産む

オガエル［オガエル科］
■3.7～5.1㎝ ■カナダ南西部～アメリカ合衆国北西部 ■渓流 ■昆虫など ■一度に50個ほどの卵を水中に産む

尾に見えるのは総排出口が外に飛びだしたもの。オスはこれを交尾に使う。

キバラスズガエル［スズガエル科］毒
おなかがわはあざやかな黄色をしています。皮ふから毒を出します。■3.5～5.5㎝ ■ヨーロッパ ■平地～高地の水辺 ■昆虫など ■一度に40個ほどの卵を水中に産む

◀敵におそわれると、ひっくり返ったり、体をそり返したりしておなかやあしのはでな色を見せ、おどろかす。

絶滅危惧種

アーチェイムカシガエル［ムカシガエル科］
オスは卵を守り、ふ化したオタマジャクシを背中に乗せ、子ガエルになるまで育てます。■3.1～3.7㎝ ■ニュージーランド北部 ■高地 ■昆虫など ■一度に10個ほどの卵を湿った場所に産む

大きさチェック

サンバガエル 5.5㎝

オガエル 5.1㎝

■体長 ■分布 ■生息域 ■食べもの ■繁殖の方法

もの知りコラム！
両生類の卵コレクション

両生類の多くは、卵かい（たくさんの卵が集まって、ひとかたまりになったもの）や卵のう（卵が入ったふくろ）につつまれた卵を産みます。いろいろな両生類の卵を見てみましょう。

◎ ニホンアカガエル

水中に、球状の卵かいをつくるよ。

◎ モリアオガエル

木の枝にぶら下げた大きな泡の中に、たくさんの卵を産むよ。

◎ アズマヒキガエル

水の中に、長いひものような形の卵のうに入った卵を、数千個も産むよ。

◎ アカハライモリ

水中の水草などに産みつける。べたべたした卵で葉と葉をくっつけて、卵をくるむんだ。

◎ ヒダサンショウウオ

卵を細長い卵のうでつつみ、流されないように、水中の岩などに産みつけるんだ。

◎ オオサンショウウオ

卵はひとつひとつに分かれていて、卵どうしがひもでつながっているよ。

サンショウウオ、イモリのなかま

ヒデ博士の「ここに注目！」 長い尾をもち、子どもは水の中で、おとなは陸上ですごす！両生類のうち、サンショウウオやイモリのなかまを「有尾目」とよぶ。細長い体をしていて、ほとんどが水辺ですごすよ。また、すごい再生能力があり、尾だけでなく、あしが切れても、また生えてくるんだ！

有尾目

サンショウウオ、イモリの体のしくみ

皮ふ　つねに湿っている！

うろこや毛はなく、やわらかい皮ふが体をおおっている。皮ふからはねん液が出ていて、つねに湿った状態に保たれている。皮ふから毒液を出すものもいる。多くの種は、水辺の近くか、湿度の高いところでしか生きられない。

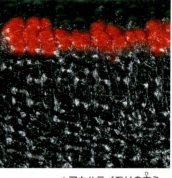

▲アカハライモリの皮ふ。

（写真はアカハライモリ）

尾　長い尾が特ちょう！

尾の形は種によってちがう。アカハライモリは、オスとメスで尾の形がちがい、オスは尾がたてにはば広く、メスは根もと付近がたてにせまく、細長くなっている。

▲アカハライモリのオスの尾。
▼アカハライモリのメスの尾。

後ろあし

多くの種で、指は5本。つめや水かきがないものが多い。

▲アカハライモリの後ろあし。

総排出口

ふんやおしっこを出す部分。メスは、卵をここから産む。オスは、総排出口のまわりが大きくふくらむ。

▶アカハライモリのオスの総排出口。
総排出口

前あし

多くの種で、指は4本。前あしと後ろあしはだいたい同じ長さをしている。

▲アカハライモリの前あし。

サンショウウオ、イモリのくらし

口 えものを丸のみにする！
歯はないか、ごく小さなものがあるだけなので、基本的には、えものはすべて丸のみにする。

▲大きく口を開けてえものを飲みこむ、オオサンショウウオ。

目
ほとんどの種でまぶたがなく、うすいまくが目のまわりをおおっている。

泳ぐ！
体をくねらせながら、尾を使って泳ぐ。子どものころは尾にひれがある。

▲長い尾を使って泳ぐ、アカハライモリ。

脱皮をする！
サンショウウオやイモリも脱皮をして成長する。とうめいでうすい皮がはがれ、その皮を食べてしまうこともある。

▲アカハライモリの脱皮。

いかくする！
尾をふりあげてゆり動かしたり、尾を丸めたりして、いかくするものもいる。

▲尾を左右にふりながらいかくする、カスミサンショウウオ。

アカハライモリの成長のしかた
サンショウウオ、イモリのなかまは、子どものころには「えら」をもち、水の中で呼吸をすることができます。成長するとえらがなくなり、陸上で生活できる体のつくりに変わります。

▲ふ化したばかりの幼生。卵は、3週間ほどでふ化する。

▲大きなえらが見える幼生。

▲あしが生え、成長すると、えらは小さくなっていく。

▲ふ化して2か月がたち、えらが完全になくなると、陸上に上がるようになる。完全におとなになるには、約3年かかる。

オオサンショウウオのなかま

有尾目

大きな口で水ごとえものをすいこむ

オオサンショウウオの狩りは、待ちぶせ型です。川底に身をかくしてじっと動かずに、えものが近づくのを待ちます。えものが口の近くに来ると、大きく口を開けてまわりの水や砂ごとえものをすいこみ、丸のみにします。すいこんだあとに、口のすき間から砂をはきだします。

ヒデ博士の「ここに注目！」

大きな頭とちっちゃな目が特ちょうの、世界最大の両生類！ オオサンショウウオのなかまは3000万年前に生きていた両生類と形がほとんど変わらないため、「生きた化石」とよばれているよ。おとなになってえらがなくなってからも陸には上がらず、一生を水中でくらすんだ。東アジアと北アメリカに3種がいる。

▶水や砂といっしょに魚を飲みこむオオサンショウウオ。

▶おたがいにかみつきあい、争うオオサンショウウオのオス。

巣穴をめぐってオスが争う

オオサンショウウオのオスは、繁殖期になると、水中や岸辺の岩のすき間などを巣穴として利用し、メスをそこにさそいます。よい巣穴を確保できるとメスが産卵しやすくなるので、オスたちは巣穴を自分のものにしようと争います。ふだんはおだやかなオオサンショウウオですが、このときは大きな口で相手にかみつくなど、はげしく戦います。

※ここで紹介しているサンショウウオは、すべてオオサンショウウオ科です。

水の中で、すばやく動く！

体が重くてあしが短いため、のろまなイメージのあるオオサンショウウオですが、水中では大きな体をくねらせて、すばやく泳ぐことができます。あしをのばして尾をくねらせながら水中を進む姿は、ごうかいです。

オオサンショウウオ

日本固有種 絶滅危惧種 毒

口は大きく、するどい歯があります。おどろくと、体から毒のある白いねん液を出します。国の特別天然記念物です。■60〜150cm ■本州の岐阜県以西、四国、九州 ■渓流など ■エビやカニ、魚など ■一度に500個ほどの卵を岸辺の横穴などに産む

日本最大の両生類

アメリカオオサンショウウオ

暑さが苦手で、水温が20℃をこえる環境を好みません。■31〜74cm ■アメリカ合衆国東部〜中部 ■流れのある川 ■エビやカニ、魚など ■一度に200個ほどの卵を岩の下などに産む

チュウゴクオオサンショウウオ

絶滅危惧種

寿命は100年をこえます。もっとも大きいものでは体長2m、体重70kgにもなります。■100〜180cm ■中国 ■流れのある川 ■エビやカニ、魚など ■一度に500個ほどの卵を岩の下などに産む

世界最大の両生類

大きさチェック
- オオサンショウウオ 150cm
- チュウゴクオオサンショウウオ 180cm

■全長 ■分布 ■生息域 ■食べもの ■繁殖の方法 ●日本にいる種

サンショウウオのなかま

有尾目

ヒデ博士の「ここに注目！」
日本は、サンショウウオの天国！ 世界にいる59種のうち、20種が日本にすんでいるよ。ふだんは陸上で生活しているけれど、産卵するときは水辺に集まるよ。

ふくろに入った卵を産む

「卵のう」とよばれる、半とうめいのやわらかいふくろに入った卵を産みます。卵のうの形は、種によってさまざまです。サンショウウオのなかまは、メスが産んだ卵にオスが精子をかけて受精する、「体外受精」をおこないます。

▶メスがかれ枝にくくりつけた卵のうに集まるカスミサンショウウオのオス。

カスミサンショウウオ 🇯🇵 日本固有種　絶滅危惧種
外来種であるアメリカザリガニに食べられるなどして、数が減っています。■7〜13㎝ ■本州の鈴鹿山脈以西、四国、九州北西部、壱岐島 ■丘陵地の森 ■ミミズ、昆虫など ■80個ほどの卵を湿地や水田などに産む

ハコネサンショウウオ 🇯🇵 日本固有種
暑さに弱いサンショウウオです。肺がなく、皮ふだけで呼吸します。■13〜19㎝ ■本州、四国 ■高地の森 ■ミミズ、昆虫など ■20個ほどの卵を、渓流の岩の下などに産む

トウキョウサンショウウオ 🇯🇵 日本固有種　絶滅危惧種
おもに関東地方にすみ、東京都内の里山でも見ることができます。■8〜13㎝ ■福島県〜神奈川県 ■平地〜丘陵地の森や水田周辺 ■ミミズ、昆虫など ■100個ほどの卵を池や水田などに産む

▶バナナのような形の卵のう。

■全長　■分布　■生息域　■食べもの　■繁殖の方法　🇯🇵日本にいる種

※ここで紹介しているサンショウウオは、すべてサンショウウオ科です。

ヒダサンショウウオ 日本固有種
体と尾が太く、黄色いもようがあります。■10〜18cm
■関東地方〜中国地方 ■高地の森など ■ミミズ、昆虫など
■30個ほどの卵を源流近くの岩の下などに産む

▲水中に産みつけられた卵のう。光のあたり具合によって、青白く光ってみえる。

ツシマサンショウウオ 日本固有種
長崎県の対馬にしかすんでいないサンショウウオです。■11〜14cm ■対馬 ■平地〜丘陵地の森 ■ミミズ、昆虫など ■40個ほどの卵を岩の下などに産む

後ろあしの指は4本。

キタサンショウウオ
数万年前の氷河期に日本に渡ってきたと考えられています。■11〜15cm ■北海道東部の釧路湿原／ロシア東部〜中国北東部、朝鮮半島北部 ■平地の森など ■ミミズ、昆虫など ■150個ほどの卵を池や水たまりなどに産む

▲暗いところで青白く光ってみえる卵のう。

ベッコウサンショウウオ 日本固有種 絶滅危惧種
体にべっこう細工のような、うつくしいもようがあります。幼生のまま冬を越すこともあります。■14〜16cm ■鹿児島県、熊本県、宮崎県 ■高地の森 ■ミミズ、昆虫など ■40個ほどの卵を源流近くの岩の下などに産む

アカイシサンショウウオ 日本固有種 2004年新種 絶滅危惧種
ミミズなどの大きなえものにかみつき、体をはげしく回転させてかみきります。■9〜11cm ■長野県、静岡県、愛知県 ■高地の森 ■ミミズ、昆虫など ■15個ほどの卵を産む

セイホウサンショウウオ 絶滅危惧種
標高3200mの高山にもすんでいます。成長がおそく、おとなになるまでに5年ほどかかります。■14〜21cm ■中国新疆ウイグル自治区〜カザフスタン南東部 ■高山の水辺近く ■ミミズ、昆虫など ■80個ほどの卵を岩の下などに産む

大きさチェック
- トウキョウサンショウウオ 13cm
- ヒダサンショウウオ 18cm
- セイホウサンショウウオ 21cm

マメ知識 サンショウウオの卵のうの形は、種によってそれぞれちがい、バナナのような形をしたもの、ひも状やらせん状のものなど、さまざまです。

トラフサンショウウオなどのなかま

ヒデ博士の「ここに注目！」 大型の種が多い、がっしりとしたサンショウウオ！ トラフサンショウウオのなかまは、北アメリカに32種がいて、ほとんどの種がネズミの巣穴などにすみ、雨の日や繁殖期にだけ地上にあらわれるんだ。ずっと水中でくらす種のなかには、えらが残るなど、子どもの姿のままでおとなになるものもいるぞ。

有尾目

▶「ウーパールーパー」の愛称で知られる、幼形成熟したメキシコサラマンダー。飼育されているものは、品種改良された白い体のものが多い。

一生、おとなにならない!?
トラフサンショウウオのなかまには、水中でくらし、おとなになってもえらやひれがなくならず、子どもの姿のままで卵を産むものがいます。これを「幼形成熟」といいます。幼形成熟するメキシコサラマンダーは、ペットとしても世界中で人気です。

絶滅危惧種

メキシコサラマンダー
[トラフサンショウウオ科]
標高2200mほどの高地の湖にすみます。野生のものは黒っぽい体色です。 ■21〜25cm ■メキシコ ■高地の湖 ■エビやカニ、魚など ■300個ほどの卵を水中に産む

◀メキシコサラマンダーの幼生。カエルとはちがい、前あしが先に生える。

タイガーサラマンダー [トラフサンショウウオ科]
陸上にすむなかでは、世界最大のサンショウウオです。夜になると活動し、小さなヘビも食べてしまいます。 ■25〜38cm ■アメリカ合衆国東部 ■平地〜高地の森 ■ミミズ、昆虫、ネズミなどの小型ほ乳類 ■50個ほどの卵を水中に産む

■全長 ■分布 ■生息域 ■食べもの ■繁殖の方法

アメリカサンショウウオのなかま

※このページで紹介しているサンショウウオは、すべてアメリカサンショウウオ科です。

ヒデ博士の「ここに注目！」 肺がなく、皮ふで呼吸する！ アメリカサンショウウオのなかまは、アメリカ大陸とヨーロッパに430種ほどがいて、南半球の熱帯雨林にすむ種もいる。

卵を守る

アメリカサンショウウオのなかまの一部は、メスが卵をだいて守ります。多くの種では、子どもは卵の中で成長し、おとなと同じ姿になってから、ふ化して外に出てきます。

フランスドウクツサンショウウオ
洞くつにすんでいます。卵の中で、おとなと同じ姿になるまで育ちます。■12〜14㎝ ■フランス南東部、イタリア北西部 ■平地〜高地の洞くつ ■昆虫など ■8個ほどの卵を地上に産む

アカサンショウウオ
はでな赤色をしていますが、強い毒はありません。■10〜18㎝ ■アメリカ合衆国東部 ■渓流など ■ミミズ、昆虫など ■80個ほどの卵を水中に産む

舌をのばしてえものをとる

アメリカサンショウウオのなかまのうち、ドウクツサンショウウオは、ひじょうに長い舌をもっています。えものを見つけると舌を長くのばし、ねばねばした先端でえものをくっつけてとらえます。

カリフォルニアホソサンショウウオ
休むときは、長い尾を巻いて丸くなります。■12〜14㎝ ■アメリカ合衆国カリフォルニア州 ■平地〜高地の森 ■ミミズ、昆虫など ■10個ほどの卵を地上に産む

ネッタイキノボリサンショウウオ（オオミットサラマンダー）
あしには水かきがあり、木登りが得意です。■13〜18㎝ ■グアテマラ〜ホンジュラス ■熱帯雨林 ■ミミズ、昆虫など ■20個ほどの卵を地上に産む

ヒメウスグロサンショウウオ
成長しても5㎝にも満たない、ひじょうに小さなサンショウウオです。■3.5〜4.4㎝ ■アメリカ合衆国南東部 ■高地の森 ■昆虫など ■8個ほどの卵を地上に産む

原寸大

■全長 ■分布 ■生息域 ■食べもの ■繁殖の方法 ■日本にいる種

有尾目

シリケンイモリ 🇯🇵 日本固有種 絶滅危惧種
細長い尾の先が、剣のようにとがっているのが名前の由来です。皮ふに毒をもちます。📏12〜18cm 🗾奄美諸島、沖縄諸島 🌲平地〜丘陵地の水辺 🍖ミミズ、昆虫など 🥚100個ほどの卵を水中に産む

サメハダイモリ
皮ふが、ざらざらしています。繁殖期には、皮ふがねんまくにおおわれてなめらかになります。📏17〜21cm 🗾北アメリカ北西部 🌲平地〜高地の森 🍖ミミズ、昆虫など 🥚150個ほどの卵を水中に産む

イボイモリ 🇯🇵 日本固有種 絶滅危惧種
怒ると発達したろっ骨を広げるので、いぼがあるようにみえます。陸上で生活し、水に入ることはほとんどありません。📏14〜20cm 🗾奄美大島、沖縄島など 🌲森、農地など 🍖貝、ミミズなど 🥚50個ほどの卵を落ち葉の下などに産む

ヒマラヤイボイモリ
もっとも南にすむイモリですが、標高の高いすずしい山にすんでいます。📏17〜20cm 🗾インド北東部〜ネパール、ミャンマー、ベトナム 🌲高地の水辺 🍖ミミズ、昆虫など 🥚80個ほどの卵を水中に産む

コイチョウイボイモリ 絶滅危惧種
中国で保護動物として守られています。標高1500〜2000mの高地にすんでいます。📏16〜21cm 🗾中国貴州省西部〜雲南省北東部 🌲高地の森 🍖ミミズ、昆虫など 🥚80個ほどの卵を水中に産む

イベリアトゲイモリ 〈世界最大のイモリ〉
敵につかまると、するどいろっ骨が皮ふをつきやぶり、相手にささります。📏20〜31cm 🗾イベリア半島、モロッコ 🌲流れのゆるやかな川、湖や沼など 🍖ミミズ、昆虫など 🥚500個ほどの卵を水中に産む

> このあたりから、とがったろっ骨が飛びだすんだ。

大きさチェック
- シリケンイモリ 18cm
- イベリアトゲイモリ 31cm
- キタクシイモリ 18cm
- ファイアサラマンダー 25cm

▶オス

※ここで紹介しているイモリは、すべてイモリ科です。

キタクシイモリ
もっとも北にすむ両生類です。繁殖期の春になると、オスの背中に大きなひだがあらわれます。■15〜18cm ■ヨーロッパ北部 ■平地〜高地の森 ■ミミズ、昆虫など ■200個ほどの卵を水中に産む

▲キタクシイモリのメス。

▲スベイモリのメス。

◀オス

スベイモリ
繁殖期のオスには、背中にひだがあらわれます。■8〜10cm ■ヨーロッパ〜西アジア ■平地〜高地の森 ■ミミズ、昆虫など ■200個ほどの卵を水中に産む

▲オス

アルプスイモリ
繁殖期のオスは、体に青いもようがあらわれます。■9〜12cm ■ヨーロッパ ■平地〜高地の水辺 ■ミミズ、昆虫など ■100個ほどの卵を水中に産む

絶滅危惧種

カイザーツエイモリ
うつくしい体色のためペット用につかまえられ、数が減っています。■10.9〜13.1cm ■イラン西部のザグロス山脈 ■高地の水辺 ■ミミズ、昆虫など ■50個ほどの卵を水中に産む

ファイアサラマンダー （毒）
頭の両がわにあるこぶなどから毒液をふきだします。メスはおなかの中で卵を育て、3cmほどの大きさの子どもを産みます。寿命は50年ほどにもなります。■15〜25cm ■ヨーロッパ ■森など ■ミミズ、昆虫など ■40匹ほどの幼生を水中に産む

マメ知識 英語では、イモリかサンショウウオかを区別せず、陸にすむ有尾目を「サラマンダー」、水の中にすむ有尾目を「ニュート」とよびます。

サイレン、ホライモリ、アンフューマのなかま

有尾目／無足目

ヒデ博士の「ここに注目！」
あしが小さく、体が長い！ サイレンのなかまは、北アメリカに3種がいる。後ろあしがなく、水がなくなる時期は体から出したねん液でつくったまゆの中で休眠する。ホライモリのなかまは、世界に6種がいる。おとなになってもえらがあるんだ。アンフューマのなかまは、北アメリカに3種がいて、あしがとても小さく、ウナギのようにみえるよ。

グレーターサイレン［サイレン科］
まゆの中で数年間も休眠することができます。寿命は25年ほどです。■62〜97㎝ ■アメリカ合衆国南東部 ■流れのゆるやかな川、湖や沼 ■貝、エビやカニ、魚など ■500個ほどの卵を水中に産む

レッサーサイレン［サイレン科］
水草が生える浅い水辺にひそみ、夜になると動きだします。■40〜69㎝ ■アメリカ合衆国南東部、メキシコ北東部 ■流れのゆるやかな川、湖や沼 ■ミミズ、昆虫など ■200個ほどの卵を水中に産む

マッドパピー（ウォータードッグ）［ホライモリ科］
夜になると、川底を歩いて移動します。■33〜43㎝ ■北アメリカ東部 ■川、湖など ■エビやカニ、魚など ■50個ほどの卵を岩の下などに産む

絶滅危惧種
ホライモリ［ホライモリ科］
暗い洞くつの中にすんでいるため、目は退化していて見ることができません。食べ物がなくても10年ちかく生きられます。寿命は100年以上です。
■25〜40㎝ ■スロベニア、クロアチア、ボスニア・ヘルツェゴビナなど ■洞くつの中の水辺、地底湖など ■エビやカニなど ■30個ほどの卵を岩の下などに産む

フタユビアンフューマ［アンフューマ科］
ウナギのような体をしていますが、小さなあしが4本あります。怒ると口ぶえのような音を出します。
■50〜116㎝ ■アメリカ合衆国南東部 ■池や沼など ■エビやカニ、魚、両生類など ■200個ほどの卵を、水辺のどろの中などに産む

■全長 ■分布 ■生息域 ■食べもの ■繁殖の方法

アシナシイモリのなかま

ヒデ博士の「ここに注目！」 ミミズそっくりだけど、両生類！ あしが退化していて、「無足目」とよばれる。土の中や水の中などにすみ、目はほとんど見ることができないんだ。世界に180種以上がいて、どの種も体外受精をするよ。

アシナシイモリの体のしくみ

目 目は皮ふの下にうもれていて、ほとんど見ることができない。

総排出口 総排出口（ふんやおしっこを出す部分）は体の先端近くにあり、尾はとても短いか、まったくない。

頭 頭は皮ふと骨がくっついていて、かたくなっている。

口 口にはするどい歯がある。また、上あごにある小さな触手で、においなどを感じることができる。

▲コータオアシナシイモリの頭部。

皮ふ 皮ふはなめらかで、強い毒液を出す種もいる。

リングアシナシイモリ
[アシナシイモリ科]
卵から生まれた子どもは、母親の体の皮ふを食べて育ちます。尾はありません。■30〜45cm ■南アメリカ ■平地の土の中 ■ミミズ、昆虫など ■10個ほどの卵を地中に産む

ヒラオミズアシナシイモリ
[アシナシイモリ科]
水中でくらし、敵におそわれると体から毒のあるねん液を出します。■46〜52cm ■南アメリカ北部 ■流れのゆるやかな川、池や沼など ■エビやカニ、両生類など ■10匹ほどの子どもを産む

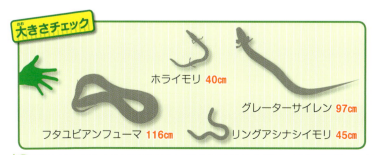
大きさチェック
ホライモリ 40cm
グレーターサイレン 97cm
フタユビアンフューマ 116cm
リングアシナシイモリ 45cm

ナンベイアシナシイモリ [アシナシイモリ科]
するどい歯があり、かみついたえものをはなしません。ぬるぬるしたミミズも、丸のみにして食べてしまいます。■63〜98cm ■南アメリカ北部 ■熱帯雨林 ■ミミズ、昆虫など

マメ知識 アシナシイモリのなかまの大きさはさまざまで、もっとも大きなものでは、全長150cmにもなります。

さくいん

この図鑑に出てくるは虫類と両生類を、五十音順で掲載しています。くわしく紹介しているページは、太字であらわしています。

ア

- アーチェイムカシガエル……………140
- アイゾメヤドクガエル………………123
- アイフィンガーガエル………112、**128**
- アオウミガメ………………………42、**43**
- アオカナヘビ………………………18、**66**
- アオキノボリアリゲータートカゲ……**76**
- アオサンゴヘビ………………………**84**
- アオスジトカゲ…………………………**18**
- アオダイショウ………………19、81、**90**、91
- アオマダラウミヘビ…………………**88**、89
- アオマルメヤモリ………………………**70**
- アカアシガメ……………………………**36**
- アカイシサンショウウオ………113、**147**
- アカウミガメ……………………………30、**43**
- アカオパイプヘビ……………………**106**
- アカサンショウウオ………………**150**、151
- アカハライモリ……110、113、141、142、143、**151**
- アカマクトビガエル…………………**129**
- アカマタ……………………………18、**91**
- アカマダラ………………………………**19**
- アカメアマガエル………………8、12、**117**
- アカメカブトトカゲ……………………**65**
- アジアウキガエル……………………**133**
- アジアミドリガエル…………………**132**
- アズマヒキガエル………111、113、114、**124**、141
- アゼミオブス……………………………**99**
- アナコンダ………………………**100**、101、103
- アフリカウシガエル…………………**132**
- アフリカクチナガワニ…………………**25**
- アフリカタマゴヘビ……………………**94**
- アフリカツメガエル…………………**139**
- アフリカニシキヘビ…………………**105**
- アフリカンブッシュバイパー………**98**、99
- アベコベガエル…………………118、**119**
- アベサンショウウオ…………………**113**
- アホロテトカゲ…………………………**77**
- アマウヒメガエル…………………134、**135**
- アマガサヘビ……………………………**85**
- アマゾンツノガエル…………………**121**
- アマゾンツリーボア…………………**103**
- アマミアカガエル……………………**112**
- アマミイシカワガエル………………11、**112**
- アマミタカチホヘビ……………………**18**
- アマミハナサキガエル………………**112**
- アミーバトカゲ…………………………**67**
- アミメアマガエル……………………**119**
- アミメトラフサンショウウオ(→フラットウッズサラマンダー)……**149**
- アミメニシキヘビ…………………104、**105**
- アムールカナヘビ………………………**19**
- アメリカアリゲーター…………21、26、**27**、28
- アメリカオオサンショウウオ………**145**
- アメリカドクトカゲ……………51、74、**75**
- アメリカマムシ…………………………**97**
- アメリカワニ…………………………21、**24**
- アルダブラゾウガメ…………………32、**49**
- アルプスイモリ………………………**153**
- アルマジロトカゲ………………………**62**
- アンチエタヒラタカナヘビ……………**67**

イ

- イイジマウミヘビ………………………**89**
- イエアメガエル………………………**118**
- イシガキトカゲ…………………………**18**
- イシヅチサンショウウオ……………**113**
- イタリアカベカナヘビ…………………**51**
- イチゴヤドクガエル………………**122**、123
- イブクロコモリガエル………………**126**
- イベリアトゲイモリ…………………**152**
- イボイモリ………………………112、**152**
- イボヨルトカゲ…………………………**62**
- イリエワニ……………………8、20、**23**、29
- イワサキセダカヘビ………………18、**81**
- イワヤマプレートトカゲ………………**62**
- インドガビアル…………………24、**25**、78
- インドカメレオン………………………**60**
- インドコブラ……………………………**83**
- インドシナウォータードラゴン………**58**
- インドハコスッポン……………………**47**
- インドハナガエル…………………**136**、137
- インドホシガメ…………………………**34**

ウ

- ウーパールーパー(→メキシコサラマンダー)……**148**
- ウォータードッグ(→マッドパピー)……**154**
- ウォレストビガエル………………128、**129**
- ウシガエル………………79、112、113、**132**
- ウミイグアナ……………………17、52、**53**

エ

- エクアドルツノアマガエル…………**120**
- エゾアカガエル………………………**113**
- エゾサンショウウオ…………………**113**
- エダハヘラオヤモリ…………………10、**69**
- エボシカメレオン…………………59、**60**
- エメラルドオオトカゲ…………………**74**
- エメラルドツリーボア………………81、**102**
- エラブウミヘビ…………………………**89**
- エリマキトカゲ………………………**56**、57

オ

- オウカンミカドヤモリ………………12、**69**
- オウムヒラセリクガメ…………………**35**
- オオアオムチヘビ………………………**12**
- オオアタマガメ………………………40、**41**
- オオイタサンショウウオ……………**113**
- オオクチガマトカゲ…………………15、**57**
- オオサンショウウオ……49、113、141、143、144、**145**
- オーストラリアナガクビガメ…………**48**
- オーストラリアワニ→ジョンストンワニ……**24**
- オオダイガハラサンショウウオ……**113**
- オオトラフサンショウウオ…………**149**
- オオハナサキガエル…………………**112**
- オオヒキガエル……………112、**124**、125
- オオフクロアマガエル……………**120**、121
- オオミットサラマンダー(→ネッタイキノボリサンショウウオ)……**150**
- オオヨコクビガメ…………………48、**49**
- オオヨロイトカゲ………………………**62**
- オガエル………………………………**140**
- オガサワラトカゲ………………19、**63**
- オガサワラヤモリ………………………**19**
- オカダトカゲ……………………………**19**
- オキサンショウウオ…………………**113**
- オキナワアオガエル…………………**112**
- オキナワイシカワガエル……112、130、**131**
- オキナワトカゲ…………………………18、**63**
- オサガメ…………………………………**44**
- オットンガエル………………………**112**
- オマキトカゲ……………………………**64**
- オリンピアサラマンダー……………**149**
- オンセンヘビ……………………………**93**
- オンナダケヤモリ………………………**18**

カ

- ガーターヘビ……………………………**93**
- ガーディナーセーシェルガエル……**136**
- カイザーツエイモリ…………………**153**
- カジカガエル………………113、**128**、129
- カスミサンショウウオ………113、**143**、146
- カドバリカブトアマガエル…………**118**
- カブトシロアゴガエル………………**129**
- ガボンアダー………………………11、**98**
- カミツキガメ………………19、44、**45**、79
- カメガエル………………………**126**、127
- カラグールガメ…………………………**39**
- ガラスヒバァ……………………………**18**
- カラスヘビ(→シマヘビ)………………**91**
- ガラパゴスゾウガメ………30、**32**、33、49、78
- ガラパゴスリクイグアナ……………52、**53**
- カラバリア……………………………**103**
- カリフォルニアホソサンショウウオ……**150**
- カンムリアマガエル…………………**118**

キ

- ギアナカイマントカゲ…………………66、**67**
- キイロドロガメ…………………………**46**
- キオビヤドクガエル…………………**123**
- キクザトサワヘビ………………………**18**
- ギザギザバシリスク……………………**55**
- キシノウエトカゲ………………………18、**63**
- キタクシイモリ……………………152、**153**
- キタサンショウウオ………………113、**147**
- キノボリアデガエル…………………**129**
- キノボリトカゲ…………………16、18、**65**
- キノボリヤモリ…………………………**18**
- キバラスズガエル……………………**140**
- キボシイシガメ…………………………**40**
- キュビエムカシカイマン………………**28**
- ギュンタームカシトカゲ……………**108**
- ギリシャリクガメ………………………**36**
- キンイロアデガエル………………128、**129**
- キングコブラ………………………**84**、85

ク

- クイーンズランドクビワヒレアシトカゲ……**71**
- クールトビヤモリ………………………**70**
- クサガメ………17、19、30、31、37、**38**、39、79
- クチヒロカイマン………………20、26、**28**
- クマドリマムシ…………………………**97**
- クメトカゲモドキ………………………**71**
- クモノスガメ……………………………**36**
- グリーンアノール…………………18、19、**54**、55
- グリーンイグアナ………………………**53**
- グリーンパイソン(→ミドリニシキヘビ)……**104**
- グリーンバシリスク……………………54、**55**
- グレーターサイレン………………**154**、155
- クロイワトカゲモドキ…………18、70、**71**
- クロコブチズガメ………………………**40**

クロサンショウウオ……………………………113	ステルツナークロヒキガエル……………124、125	トウホクサンショウウオ……………………113
クロホソメクラヘビ………………………107	スナトカゲ…………………………………64	トウメイアマガエルモドキ………………9、120
	スベイモリ…………………………………153	トウメイクサガエル…………………136、137
ケ	スベヒタイヘラオヤモリ……………………8	トーレチビヤモリ……………………………70
ケガエル……………………………………135	スベヒタイヘルメットイグアナ…………………54	トカラハブ………………………………18、96
ケヅメリクガメ……………………………34、35	スポットサラマンダー………………………149	トゲアマガエル……………………………118
ケララヤマガメ………………………………39		トゲオオトカゲ………………………………75
	セ	トゲスッポン…………………………………47
コ	セイホウサンショウウオ……………………147	トゲヤマガメ…………………………………39
コイチョウイボイモリ………………………152	セーシェルセマルゾウガメ………………34、35	トッケイヤモリ…………………………68、69
コータオアシナシイモリ……………………155	セグロウミヘビ………………………………89	トノサマガエル………………………113、115、130
コーチスキアシガエル………………………137	ゼニガメ（→ニホンイシガメ）……………37	トマトガエル…………………………114、134
コガタハナサキガエル………………………112	セマルハコガメ…………………18、31、38、78	トラフアマガエル……………………………119
コガタブチサンショウウオ…………………113	セレベスフタアシトカゲ…………………64、65	
コガネガエル……………………………126、127		**ナ**
コケガエル…………………………………128	**ソ**	ナイルオオトカゲ……………………………74
コバルトオオトカゲ…………………………74	ソリガメ……………………………………35	ナイルスナボア……………………………102
コバルトヤドクガエル………………………122		ナイルワニ………………………16、21、22、23
コビトカイマン（→キュビエムカシカイマン）……28	**タ**	ナガレタゴガエル………………………113、131
コブハナトカゲ………………………………57	ダーウィンハナガエル………………………126	ナガレヒキガエル………………………113、124
コモチカナヘビ……………………………19、66	タイガーサラマンダー……………………148、149	ナゴヤダルマガエル……………………113、130
コモチヒキガエル……………………………125	タイコガシラスッポン………………………47	ナゾガエル…………………………………134
コモドオオトカゲ………………………72、73、74	タイパン………………………………………86	ナマクアカメレオン…………………………60
コモドドラゴン（→コモドオオトカゲ）……73	タイマイ…………………………………44、45	ナミエガエル……………………………112、132
コモリアマガエル（→ヒメフクロアマガエル）……120	ダイヤモンドガメ……………………………41	ナメクジクイ……………………………92、93
コモリガエル（→ピパピパ）………………139	タイワンタカチホヘビ………………………18	ナメハダタマオヤモリ………………………69
ゴライアスガエル………………130、132、133	タイワンハブ……………………………18、79	ナンベイアシナシイモリ…………………155
コンゴツメガエル……………………………139	タカチホヘビ…………………………………19	
	タカラヤモリ…………………………………18	**ニ**
サ	タゴガエル………………………………113、131	ニシアフリカコビトワニ……………………24
サイドワインダー……………………………99	タシロヤモリ…………………………………18	ニジイロハシリトカゲ………………………67
サキシマアオヘビ……………………………18	タタイサンゴヘビ…………………………84、85	ニシキガメ…………………………………41
サキシマカナヘビ………………………18、66、67	タピチャラカアマガエル……………………119	ニシダイヤガラガラヘビ…………………98、99
サキシマスジオ………………………………18	タワヤモリ…………………………………19	ニジボア……………………………………102
サキシマスベトカゲ……………………18、64	ダンダラミミズトカゲ……………………76、77	ニシヤモリ…………………………………19
サキシマヌマガエル…………………………112		ニホンアカガエル……………110、113、130、131、141
サキシマバイカダ……………………………18	**チ**	ニホンアマガエル
サキシマハブ………………………………18、96	チチカカミズガエル…………………………121	………………109、110、113、114、115、116、117
サバクオオトカゲ……………………………74	チチュウカイカメレオン……………………60	ニホンイシガメ…………14、19、30、31、37、39、40
サバクツノトカゲ………………………13、54	チャチアマガエル………………………13、118	ニホンカナヘビ……………………………19、66
サバクナキガエル……………………………126	チュウゴクオオサンショウウオ…………78、145	ニホンスッポン…………………19、30、46、47
サハラツノサリヘビ…………………………99	チュウゴクワニトカゲ………………………76	ニホントカゲ………………………19、50、51、63、66
サメハダヤモリ……………………………152	チュウベイドワーフボア……………………107	ニホンヒキガエル………………………113、114、124
サンゴパイプヘビ…………………………106、107	チョウセンヤマアカガエル………………113	ニホンマムシ…………………………19、94、95
サンジニアボア……………………………103		ニホンヤモリ…………………19、51、68、109
サンドフィッシュ（→スナトカゲ）…………64	**ツ**	ニュージーランドミドリヤモリ……………69
サンバガエル………………………………140	ツギオミカドヤモリ……………………68、69	ニンニクガエル……………………………137
サンビームヘビ……………………………106	ツシマアカガエル……………………………113	
	ツシマサンショウウオ…………………113、147	**ヌ**
シ	ツシマスベトカゲ……………………………19	ヌマガエル………………112、113、115、132、133
シマヘビ……………17、19、80、81、90、91、109	ツシママムシ……………………………19、95	ヌママムシ（→アメリカマムシ）……………97
ジムグリ………………………16、19、80、91	ツチガエル………………………………113、130	ヌマワニ……………………………………24
シモフリヒラセリクガメ…………………34、35	ツノアノール…………………………………54	
ジャクソンカメレオン……………………60、61	ツノコノハヒキガエル……………………125	**ネ**
シャムワニ…………………………20、21、25	ツノヒメカメレオン…………………………61	ネッタイキノボリサンショウウオ………150
ジャングルランナー（→アミーバトカゲ）……67		
ジュウジメドクアマガエル………………119	**テ**	**ハ**
シュレーゲルアオガエル………………113、127	デイノスクス………………………………29	パーソンカメレオン…………………………61
ジョンストンワニ……………………………24	デスアダー…………………………………87	バートンヒレアシトカゲ…………………70、71
シリケンイモリ……………………………112、152	テヅカミネコメアマガエル………………117	バーバートカゲ……………………………18
シロアゴガエル……………………………112	テングキノボリヘビ…………………………94	ハイ…………………………………………18、85
シロクチアオハブ……………………………97		ハクバサンショウウオ……………………113
シロテンカラネトカゲ………………………64	**ト**	ハコネサンショウウオ………………113、146
シロハラミズトカゲ………………………16、77	トウキョウサンショウウオ………………113、146、147	ハスオビアオジタトカゲ……………………65
シロマダラ…………………………………19、91	トウキョウダルマガエル………………113、130	パセリガエル………………………………137
	トウブシシバナヘビ…………………………81	バタフライアガマ…………………………58
ス	トウブハコガメ……………………………40、41	ハナサキガエル…………………112、130、131
スタンディングヒルヤモリ…………………70		ハナナガクサガエル………………………136
スッポンモドキ…………………………46、47		

ハ

- ハナブトオオトカゲ……………………74、75
- ハネベンモールバイパー………………107
- ハブ………………………18、85、96、97
- パフアダー…………………………………98
- ハミルトンガメ……………………………39
- ハラガケガメ………………………………46
- パラグアイカイマン………………………28
- パラダイストビヘビ………………………94
- バルカンヘビガタトカゲ（→ヨーロッパアシナシトカゲ）……………………………………76
- ハロウエルアマガエル……………112、117
- パンケーキリクガメ………………………36
- パンサーカメレオン…………………60、61
- バンディバンディ…………………………87
- バンデッドテグー……………………66、67

ヒ

- ピエロヘビ…………………………………86
- ヒガシグリーンマンバ……………………86
- ヒガシニホントカゲ…………………19、63
- ヒゲミズヘビ………………………………94
- ヒダサンショウウオ……………113、141、147
- ヒバカリ………………………………19、92
- ピパピパ……………………………138、139
- ヒマラヤイボイモリ……………………152
- ヒメアマガエル…………………………112
- ヒメウスグロサンショウウオ………150、151
- ヒメウミガメ………………………………44
- ヒメハブ……………………………18、96、97
- ヒメフクロアマガエル…………………120
- ヒャッポダ…………………………………99
- ヒャン………………………………18、85
- ヒョウモントカゲモドキ…………………71
- ヒョウモンリクガメ………………………35
- ヒラオミズアシナシイモリ……………155
- ヒラタヘビクビガメ…………………31、48
- ヒラリーカエルガメ………………………48
- ヒロオビフィジーイグアナ………………54
- ピンクイグアナ……………………………53

フ

- ファイアースキンク（→ベニトカゲ）……64
- ファイアサラマンダー………………152、153
- フィリピンホカケトカゲ…………………57
- ブームスラング……………………………93
- フクラガエル……………………………135
- ブタバナガメ（→スッポンモドキ）………47
- フタユビアンフューマ……………154、155
- ブチサンショウウオ……………………113
- フトアゴヒゲトカゲ………………………58
- ブラーミニメクラヘビ…………18、19、107
- ブラックマンバ……………………………86
- フラットウッズサラマンダー…………149
- フランスドウクツサンショウウオ……150
- ブランフォードオオトビトカゲ…………58
- フロリダミミズトカゲ……………………77

ヘ

- ヘサキリクガメ……………………………35
- ベッコウサンショウウオ……………113、147
- ベッコウムツアシガメ……………………34
- ベニトカゲ…………………………………64
- ヘリグロヒメトカゲ…………………18、64
- ベルツノガエル…………………………121
- ヘルマンリクガメ……………………16、36

ホ

- ボアコンストリクター…………81、102、103
- ボイドモリドラゴン………………………57
- ホオアカドロガメ…………………………46
- ホオグロヤモリ………………………18、19、68
- ホームセオレリクガメ……………………35
- ボールパイソン…………………………105
- ホクベイカミツキガメ（→カミツキガメ）…45
- ホクリクサンショウウオ………………113
- ホライモリ…………………………154、155
- ホルストガエル…………………………112
- ホルスフィールドリクガメ（→ロシアリクガメ）……36
- ボルネオヒメガエル……………………134

マ

- マーブルサラマンダー…………………149
- マダガスカルクサガエル………………136
- マタマタ……………………………10、48
- マダラクチボソガエル…………………135
- マダラトカゲモドキ………………………71
- マダラヤセヒキガエル…………………125
- マダラヤドクガエル……………………123
- マチカネワニ………………………………29
- マツカサトカゲ………………………64、65
- マツゲハブ…………………………………97
- マッドパピー……………………………154
- マルメタピオカガエル………………13、121
- マレーガビアル………………………24、25
- マレーキノボリヒキガエル……………125
- マングローブヘビ……………………92、93

ミ

- ミクロヒメカメレオン……………………61
- ミシシッピアカミミガメ……18、19、37、40、79、109
- ミシシッピニオイガメ……………………46
- ミシシッピワニ（→アメリカアリゲーター）…27
- ミズオオトカゲ……………………………74
- ミズカキヤモリ……………………………70
- ミツヅノカメレオン………………………59
- ミツヅノコノハガエル………………13、137
- ミドリカナヘビ………………………51、67
- ミドリガメ（→ミシシッピアカミミガメ）…40
- ミドリニシキヘビ………………………104
- ミナミイシガメ……………………18、38、39、79
- ミナミトリシマヤモリ…………………18、68
- ミナミヤモリ………………………………18
- ミミナシオオトカゲ………………………76
- ミヤコカナヘビ……………………………18
- ミヤコトカゲ………………………………18
- ミヤコヒキガエル………………………112
- ミヤコヒバァ………………………………18
- ミヤコヒメヘビ……………………………18
- ミヤマウデナガガエル…………………137
- ミルクヘビ…………………………………93

ム

- ムカシトカゲ………………………16、49、108
- ムラサキガエル（→インドハナガエル）…136

メ

- メガネカイマン……………………………28
- メガネヘビ（→インドコブラ）……………83
- メキシコカワガメ…………………………46
- メキシコサラマンダー………………12、148、149
- メキシコジムグリガエル………………139
- メキシコドクトカゲ………………………75

モ

- モウドクフキヤガエル…………………123
- モエギハコガメ……………………………38
- モザンビークドクハキコブラ…………82、83
- モモジタトカゲ……………………………65
- モリアオガエル……………………113、127、141
- モロクトカゲ………………………………9、58
- モンキヨコクビガメ…………………48、49

ヤ

- ヤエヤマアオガエル……………………112
- ヤエヤマハラブチガエル………………112
- ヤエヤマヒバァ………………………18、92
- ヤクヤモリ…………………………………19
- ヤスリミズヘビ……………………106、107
- ヤマアカガエル……………………113、131
- ヤマカガシ…………………………19、80、90、92

ヨ

- ヨウスコウアリゲーター…………………27
- ヨウスコウワニ（→ヨウスコウアリゲーター）……27
- ヨーロッパアシナシトカゲ………………76
- ヨーロッパクサリヘビ……………………99
- ヨーロッパヌマガメ………………………40
- ヨコバイガラガラヘビ（→サイドワインダー）……99
- ヨツメイシガメ……………………………39
- ヨナグニシュウダ…………………………18
- ヨロイハブ…………………………………97

ラ

- ライノセラスアダー………………………98
- ラバーボア…………………………………103
- ラボードカメレオン…………………49、60

リ

- リュウキュウアオヘビ………………18、92
- リュウキュウアカガエル………………112
- リュウキュウカジカガエル……………112
- リュウキュウヤマガメ………………18、37、38
- リングアシナシイモリ……………110、155
- リングサラマンダー……………………149

レ

- レイテヤマガメ……………………………38
- レインボーアガマ…………………………58
- レースオオトカゲ…………………………75
- レッサーサイレン………………………154

ロ

- ロシアリクガメ……………………………36
- ロゼッタカメレオン………………………61

ワ

- ワニガメ……………………………31、44、45
- ワモンニシキヘビ………………………105
- ワモンベニヘビ……………………………18

読者モニター

図鑑MOVEを企画するにあたって、読者のみなさんにモニターになっていただき、ご意見やアイデアをいただきました。以下、ご協力いただいた、460名のモニターのみなさんです。

相澤彩香／相沢穂乃華／青木至人／赤松杏乃／秋根紗香／秋葉明香里／秋山詩苑／浅井瑠実子／東有香／麻生汐織／阿部愛実／阿部優月／新井綾乃／荒井菜々子／有馬寿夏／有賀朱里／安藤瞳／家倉千宙／伊神優涼／井城円／池田小乃果／池田まゆか／井澤由衣／石川佳奈／石川夏音／石樽陽／石澤夏実／石田純菜／石橋寧々／井谷菜穂／伊藤亜也香／伊藤杏珠／伊藤沙莉那／伊藤未空／伊藤優花／伊藤瑠花／稲垣萌々香／稲田萌愛／井上紗希／井上真希／猪木香子／井原萌／今井英／今福結子／岩井渚沙／岩城正姫／岩佐帆夏／岩下純／岩田まみ／上田美佳／上野明日香／植村実祝／上村理恵／内田有紗／内田有香／内堀隼／海内夢希／梅田良子／江嵜なお／榎本真衣／江原実祝／江原実里／大石伸／大泉達雄／大川紫苑／大草レナ／大口真由／大久保奏／大久保真彩／大島佳子／大田郁美／太田沙綾／太田妃南／大塚比巴／大橋由依／大村美音／大森悠稀／大舘栞奈／大山夏奈／大和田夏希／小笠原夢菜／岡嶋祐希／岡村有希／岡本亜衣美／岡本瞳／岡本視由紀／小川乃愛／荻野杏珠／小口彩／奥野真木保／小椋彩歌／尾﨑亜衣／小澤京香／尾瀬未有／小田島日向子／鬼塚絢子／小野華那依／小原悠ノ介／小俣知穂／小山凛／織戸愛子／海田勇樹／柿沼亜里沙／垣畑光緒／影山友海／柏木あかね／片岡由衣菜／片原桃歌／加藤愛梨／加藤紗依／加藤慎太郎／加藤佑奈／門脇真歩／金井咲樹／金井美柚子／可兒優彩／金子真奈／鎌倉萌菜穂／鎌田日向子／上出紋子／上村明日香／河下未歩／川島千晶／川副ひとみ／川中智尋／河野幸代／川畑萌／河原舞亜／川村美實海／観世三郎太／神田早紀／神田咲希／神田真理／菊川拓哉／菊池優希／木島舞香／岸本彩／木田明日奈／北野こゆき／北山姫夢／吉川侑花／木丁空／木原弥生／金油美／木村あすか／木村舞香／木村萌音／九ノ里琴音／久保木玲花／久保田詩野／久米羽奏／藏田眞子／倉持七海／栗栖わかな／紅林亜緒依／黒沢舞衣／黒田章／桑田千聡／高祖皐月／合田美和／河野紅璃亜／古賀月海／小坂未玖／小島梨花／小関多恵／小髙弘子／小舘光月／後藤佐都／後藤ゆうり／小林奏実／小林香乃／小林夏帆／小林侑里子／小林倭央／小針清花／小山実桜子／齋藤優衣／酒居香奈／酒井茉里名／坂井優香／坂元真那／阪森春香／﨑岡恵子／櫻井悠宇／佐々木朱理／佐々木朋子／笹澤麻友美／貞國有香／佐竹涼葉／佐藤愛華／佐藤彩加／佐藤さくら／佐藤清加／佐藤舞花／佐藤雅弥／佐藤未来／佐藤優芽／佐俣夏紀／塩田菜桜子／塩原あかり／重友優衣／重松菜奈／四宮舜介／嶋田哲大／島津柊／清水南／下江愛蓮／首藤静香／白髭はつか／鈴木彩夏／鈴木寧々／鈴木陽菜／鈴木涼士／鈴木綾太／鈴村光一／須田成美／須谷ひかり／住森早紀／住吉歩優／関川紗葵／瀬古栞／平彩香／高木萌衣／髙澤朋巳／高瀬莉奈／高田佳奈／高橋明日香／髙橋実夏／髙橋美帆／髙橋美帆／高橋靖子／髙橋優衣／髙橋里恵／高橋綾太／髙橋若奈／高原菜摘／髙宮美香／高良唯／田口恵海／田口友美／竹内一葉／竹内ひかる／竹内ひなた／竹内柚果／竹澤瞳／武田明子／武田佳穂／武田さつき／武田遥／竹中菜摘／龍野真由／田中天音／田中亜実／田中絵梨菜／田中孝樹／田中舞衣／田中優梨花／田中里奈／田中莉乃／田邉隆也／田邊美貴／谷才暉／谷口はる花／谷住星空／玉置楓／玉川穂佳／玉山真唯／田村夏美／千種あゆ美／塚田のどか／塚田ひかる／塚本万実子／津田郁花／津田稜子／常川美羽／露口紗也／鴇田千奈／富澤七彩／富島由佳子／富所史織／冨永歩乃楓／友次彩奈／豊島礼奈／鳥山明日香／内藤大貴／永井佑／中井菜摘／中内伊吹／長江桃香／長岡美涼／中川晴子／中川舞／中島愛理／永島有華／中田百萌子／中根優菜／中野亜美／中野日和／中野結月／長濱優衣／中村希美／中村桃子／七浦杏海／西真歩／西優里花／仁科せい／西原里香／西前玲奈／西村彩恵／西村夏／西山佳穂／二本木莉奈／野﨑桃子／野村舞／教重涼子／橋田朋香／橋詰ゆき菜／橋元駿輔／服部心暖／服部希香／花澤菜摘／馬場真白／早崎唯／林紗梨／林真衣／林美調／林由似子／林里音／林田弥優／葉山隆永／羽良灯持美／原田亜美／番留旬音／比嘉美保子／東本有希子／彦坂さくら／肥前愛理／平井莉奈／平賀叶穏／平川さくら／廣島寿々子／廣瀬茉莉／廣田万里子／深松加絵／福田夏紀／福田優人／福永悠衣／福原稔也／藤佳苗／藤井愛子／藤井真子／藤井佑香／藤沢ゆり／藤田梨里／藤原梓／細川みなみ／細川萌／保積和奏／堀内美彌／本郷夢乃／本多鈴／本田奈佑／前田明希／前田彩花／牧野遥／牧野真里花／柾木美慶／増園優沙／町井琴音／町田真海／松浦明日香／松浦歩美／松尾知紗／松川雅美／松坂明日加／松下このみ／松下ひまり／松下真由子／松田夕奈／松原奈央／三笠佑野／三上真依／三上侑輝／水城陶子／溝口怜奈／光山日菜／水戸優華／南さくら／三宅朱音／宮﨑万由子／宮﨑優理／宮田鈴菜／宮林里奈／宮本航季／宮本紀子／村田結／村松瑠果／目黒美桜／毛利紗矢音／森野々風／森友梨奈／森陸人／森居美侑／森川真唯／森下翔太／守田一喜／森永かせい／森永寿美子／森吉早奈穂／門間陽菜／八木大翔／柳沼香里／矢口実佳／安田栄真／安田梨来／柳田優利亜／山形翠／山上真代／山口香雪／山口さくら／山口渚／山口真由／山越舞／山﨑遥／山﨑夏夏／山崎万理乃／山﨑桃子／山下萌／山田萌々香／山村渚／山村寧々／山本明日美／山本佳代子／山本千智／油布茉里愛／湯本芽衣／湯本莉緒／横田夢未／吉井萌笑／吉岡紗希／吉川緑／吉川悠里／吉﨑愛音／吉田早織／吉田早希／吉田ななみ／吉田真由／吉冨由佳／吉見香己路／米田ちひろ／米田百花／若野葵／渡邉絵里子／渡邉奏波／渡辺小春／渡邉ナンシー薫／渡辺風香／渡辺万葉／渡辺桃子

【監修】

矢部 隆（愛知学泉大学現代マネジメント学部 教授、なごや生物多様性センター センター長、日本カメ自然誌研究会 代表）

加藤英明（静岡大学教育学部 講師）

【撮影協力】

熱川バナナワニ園／iZoo

【イラスト】

表紙：Raúl Martín／i-stock
前見返し：川崎悟司

【装丁】

城所 潤＋関口新平（ジュン・キドコロ・デザイン）

【本文デザイン】

天野広和、大場由紀、原口雅之（ダイアートプランニング）

【編集制作】

株式会社 童夢

【おもな参考文献】

『日本の爬虫両生類157』（大谷勉、文一総合出版）／『日本動物大百科 両生類・爬虫類・軟骨魚類』（日高敏隆、千石正一ほか、平凡社）／『日本の両生爬虫類』（内山りゅうほか、平凡社）／『動物大百科12 両生・爬虫類』（Hallidayほか、平凡社）／『動物系統分類学 脊椎動物 爬虫類I』（中村健児ほか、中山書店）／『コルバート脊椎動物の進化』（Colbert、築地書館）／『Turtles of the world』（Ernstほか、Smithsonian）、ほか

講談社の動く図鑑MOVE
は虫類・両生類 堅牢版

2013年6月18日　初版　第1刷発行
2017年2月8日　堅牢版　第1刷発行
2020年12月18日　堅牢版　第2刷発行

監修　矢部 隆　加藤英明
発行者　渡瀬昌彦
発行所　株式会社講談社
　〒112-8001 東京都文京区音羽2-12-21
　電話　編集　03-5395-3542
　　　　販売　03-5395-3625
　　　　業務　03-5395-3615
印刷　共同印刷株式会社
製本　大口製本印刷株式会社

©KODANSHA 2017 Printed in Japan

落丁本・乱丁本は購入書店名を明記のうえ、小社業務あてにお送りください。送料小社負担にておとりかえいたします。なお、この本についてのお問い合わせは、MOVE編集あてにお願いいたします。定価は、表紙に表示してあります。本書のコピー、スキャン、デジタル化等の無断複製は著作権法上での例外を除き禁じられています。本書を代行業者等の第三者に依頼してスキャンやデジタル化することは、たとえ個人や家庭内の利用でも著作権法違反です。

ISBN978-4-06-220414-9　N.D.C.480　159p　27cm

【写真 特別協力】

アマナイメージズ
前見返し、2-3、8-13、16、18、20-32、34-36、38-49、51-65、67-79、81-84、86-89、91-94、97-100、102-108、110、112、114、117-123、125-129、132-137、139-141、145、147-150、152-155、後ろ見返し、裏表紙

佐藤岳彦
11-12、16、18-21、25、27-28、34、37-38、57、64、66、71、81、85、90-92、95-96、107、110、112-113、127-128、131-133、147、152

関慎太郎
17、19、30-31、37-38、40、50-51、63-64、66-68、80、96、109-110、112-117、124、127、130-131、135、141-147、151

alamy／アフロ
8-9、12-13、16-17、21、24-25、27、40-41、43、45-46、49、51、53-54、58-61、64、67、71、75、78-79、83、89、100、106、120、136-137、139、148、154、後ろ見返し

加藤英明
15-16、33、36、38-39、41、45、57、60、65、74、76、79、110、113、147

【写真協力】

青木康夫（リフトアップ石垣島エコツアー）：128／熱川バナナワニ園：23、25、28／伊藤弥寿彦：68、126／イラストレーションダック 山本勉／大阪大学総合学術博物館：29／大阪大学総合学術博物館：29／内山りゅう／ネイチャー・プロダクション：47、96、106、110、119、143、151／尾園暁／ネイチャー・プロダクション：19／小原祐二：112、117／株式会社エムピージェー：135／カメレオン・ハート：61／久保秀一／ネイチャー・プロダクション：111、116／栗林慧／ネイチャー・プロダクション：8、114／嶋田忠：55／杉本周作：11、63／武田晋一／ネイチャー・プロダクション：91、115、127／田中鎮也：50、66／名古屋市東山総合公園：75／沼田研児／ネイチャー・プロダクション：141、147／林正人：66／前田憲男／ネイチャー・プロダクション：124／松沢陽士／ネイチャー・プロダクション：63、78、111、116、131、132、141／矢部隆：14／Amar Guillen／シーピックスジャパン：43／Andrea Florence／www.ardea.com：138／animalsanimals/PPS：41／Birute Vijeikiene/Shutterstock.com：40／Daniel Heuclin/biosphoto：138／debra millet/Shutterstock.com：79／defpicture/Shutterstock.com：21／Elena Elisseeva/Shutterstock.com：30／fivespots/Shutterstock.com：48／Howard Hall／シーピックスジャパン：52／isak55/Shutterstock.com：155／James Gerholdt/Peter Arnold/Getty Images：39／Joel Bauchat Grant/Shutterstock.com：49／Kevin Messenger：85／leungchopan/Shutterstock.com：20／Masa Ushioda／シーピックスジャパン：1、42／Matt Jeppson/Shutterstock.com：47／Michel Gunther/biosphoto：39／Mike Veitch／シーピックスジャパン：88、後ろ見返し／Nature Picture Library／ネイチャー・プロダクション：23、26、39、70、84、93、132-133、155／©NHK：56、73、143-144／Peter Gudella/Shutterstock.com：50／PIXTA：50／Scott Corning：57／Scubazoo／Jason Isley／シーピックスジャパン：88／Sergey Ryabov/Nikolai Orlov：99／sh.el.photo/Shutterstock.com：81／Shay Yacobinski/Shutterstock.com：108／Stu Porter/Shutterstock.com：82